崔玉涛图解家庭育儿 3

升级版

直·面·小·儿·肠·道·健·康

崔玉涛 / 著

人民东方出版传媒
東方出版社

崔大夫最新升级版寄语

从2001年起在《父母必读》杂志开办“崔玉涛医生诊室”专栏至今，在逐渐得到社会各界认可的同时，我也由一名单纯的儿科临床医生，逐渐成长为具有临床医生与社会工作者双重身份和责任的儿童工作者。我坚信，作为儿童工作者，就应有义务向全社会介绍自己的知识、工作经验和体会。

从2006年开办个人网站，到新浪博客之旅，又转战到微博，至今已连续1400多天没有中断每日微博的发布，累计发布微博达6100多条，粉丝达到550万。在微博内容得到众多网友的青睐之时，我深切感受到大家对更多育儿知识的渴求。微博虽然传播速度快，但内容碎片化，不能完整表达系统的育儿理念。于是，2015年2月5日成立了“北京崔玉涛儿童健康管理中心有限公司”，很快推出了微信公众号“崔玉涛的育学园”和育儿APP“育学园”，近期又在北京创立了第一家“崔玉涛育学园儿科诊所”。其目的就是全方位、立体关注儿童健康，传播科学育儿理念，为中国儿童健康服务。

为了能够把微博上碎片化的知识整理成较为系统的育儿理论，在东方出版社的鼎力帮助和支持下，经过一定的知识补充，以漫画和图解的形式呈现给了广大读者。这种活跃、简明、清晰的形式不仅是自己微博的纸质出版物，而且能将零散的微博融合升华成更加直观、全面、实用的育儿手册。本套图书共10本，一经面世就得到众多朋友的鼓励和肯定，进入到育儿畅销书行列。为此，我由衷感到高兴。这种幸福感必将鼓励我继续前行，为中国儿童健康事业而努力。

此次发行的最新升级版，就是为了满足更多朋友的需要，希望将更多的育儿知识传播给需要的人们。我们一道共同了解更多育儿理念，才能营造出轻松、科学养育的氛围。我的医学育儿科普之旅刚刚启程，衷心希望更多医生、儿童健康工作者、有经验的父母加入进来，为孩子的健康撑起一片蓝天，铺就一条光明之路。

2016年9月18日于北京

目录
contents

1 图解小儿腹泻

2 图解轮状病毒

3 图解小儿便秘

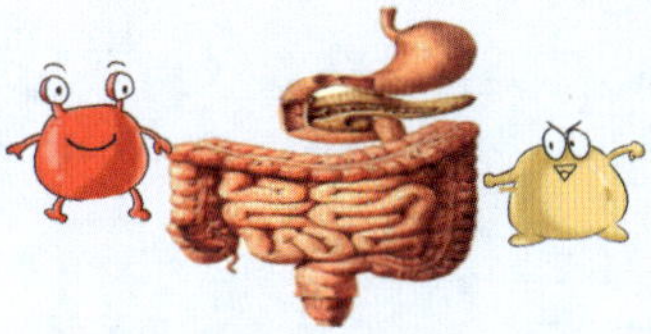

4 对小儿肠道状况的正确监测和护理

5 崔大夫门诊问答

1 图解小儿腹泻

什么是腹泻

腹泻

- 大便性状改变
- 大便频率增加

腹泻病

- 多病因、多因素引起的以腹泻为主要表现的一组疾病

易感因素

1. 婴幼儿消化系统发育不成熟
2. 消化系统机体防御功能较差
3. 人工喂养vs母乳喂养

孩子大便偏稀就是腹泻吗

很多家长看到孩子大便偏稀就认为孩子是腹泻了，其实不一定。腹泻是一组由多病原、多因素引起的以大便次数增多和大便性状改变为特点的儿科常见病症。“变稀”和“增多”是腹泻的特点。诊断腹泻并不是依据每天的排便次数和性状，而是依据排便次数增多和大便性状的改变状况。

很多母乳喂养儿大便偏稀，次数相对多，但不一定是腹泻。母乳喂养的正常婴儿可能每天排便 6～12 次，也可能每 3～4 天排便一次。如果婴儿进食正常、生长正常、大便化验正常，他的排便就属于正常。因为母乳中含有可溶性纤维素——低聚糖，具有“轻泻”作用，再加上母乳喂养儿的肠道中以双歧杆菌占优势，所以母乳喂养儿大都大便偏稀，次数偏多。但这绝不是母乳的缺点，母乳不仅可保证婴儿肠道健康发育，还可以保证婴儿免疫系统成熟。

如果孩子真的出现腹泻，除了排便问题，还会出现哭闹、进食差、睡眠不安等其他不适症状，体重增长也会受到影响。家长不能仅仅根据孩子大便偏稀就判断孩子腹泻。

腹泻的病程

急性腹泻病

- 病程<2周

迁延性腹泻病

- 病程2周～2月

慢性腹泻病

- 病程>2月

病 因

腹泻病

感染性腹泻

- 病毒性肠炎
- 细菌性肠炎
- 真菌性肠炎
- 其他：阿米巴痢疾

非感染性腹泻

- 食饵性腹泻
- 症状性腹泻
- 过敏性腹泻
- 其他

孩子腹泻要立即止泻吗

腹泻是感染性因素或非感染性因素对肠黏膜刺激引起的吸收减少和/或分泌增多的现象。它是肠道排泄废物的一种自我保护性反应，通过腹泻可以排除病菌等有害物。所以，腹泻并不一定就是坏事。

治疗腹泻应重点解决原因，而不是单纯止泻。腹泻时虽然可能因丢失水分过多造成脱水，但仅仅止泻，更容易导致病菌、毒素、代谢物滞留于肠内。如果这些物质被回吸收后，会对人体造成更严重的损伤。比如患细菌性肠炎时，肠道内致病细菌造成肠黏膜损伤，引起脓血便，此时若止泻，肠道内大量细菌和毒素就会留到体内，引起更严重的后果——毒血症或败血症。

总之，腹泻现象并不一定就是坏事。腹泻虽然排出大量体液及未被吸收的营养物质，造成急性脱水和营养不良，但同时也排出了病菌及产生的相应毒素。腹泻时，在不刻意止泻的前提下，要注意预防和纠正脱水，并及时补充营养，以及针对腹泻原因适当用药，立即止泻并非明智举措。

引起宝宝腹泻的两大因素

非感染性因素

感染性因素

非感染性因素比较简单，比如喝了凉水，吃了凉的食物，或是对某些食物不耐受等。

这类腹泻大便检查不会出现特别的表现。

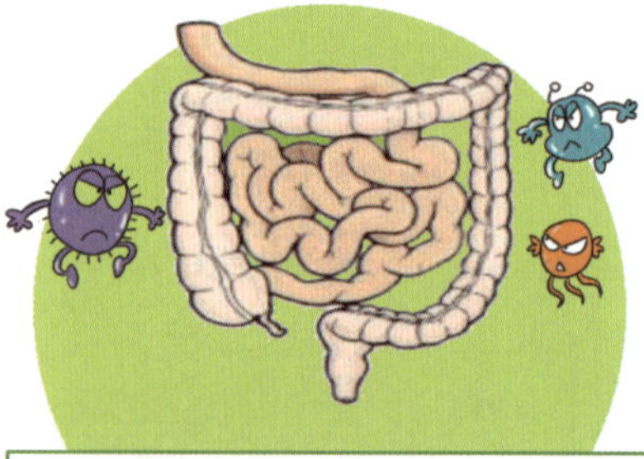

感染性因素相对复杂，如细菌性肠炎，大便内可以检测到红细胞、白细胞或脓细胞。

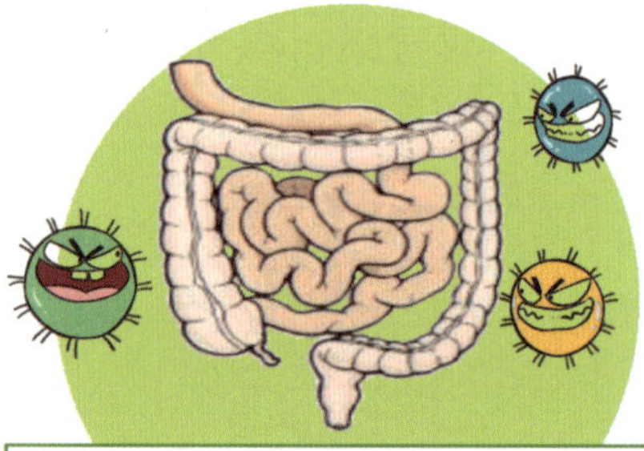

病毒性肠炎可能会检测到特别的病毒，如轮状病毒等。

孩子腹泻由什么引起

腹泻是一组由多病原、多因素引起的以大便次数增多和大便性状改变为特点的儿科常见病症。引起孩子腹泻有两大因素：非感染性因素和感染性因素。

非感染性因素比较简单，比如喝了凉水，吃了凉的食物，或者是对某些食物不耐受，如过敏或食物中毒等引起的腹泻，这类腹泻大便检查不会出现特别的表现。

感染性因素相对复杂，如细菌性肠炎，大便内可以检测到红细胞、白细胞或脓细胞，而病毒性肠炎可能会检测到特别的病毒，如轮状病毒等。

当孩子腹泻时，家长最好将孩子的大便送到医院进行检查，这样更利于寻找引起孩子腹泻的原因，对症治疗。但是，留取大便标本一定要注意以下两点：

1. 留取的大便，一定要存放于塑料瓶或保鲜膜中，千万不要放在纸尿裤中，因为大便中水分被纸尿裤吸收后，很难检测出大便中的异常情况；

2. 大便要在 1 ~ 2 小时内送至医院检查，否则容易出现假性结果。

（一）感染性腹泻

1. 脓血便、大便常规显示大量WBC（>15～20/高倍视野）则可能的病原有：痢疾杆菌、侵袭性大肠杆菌等；

2. 水样泻、大便常规无WBC或极少（<10/高倍视野）则可能的病原为：病毒（例如：轮状病毒）或肠道细菌毒素等。

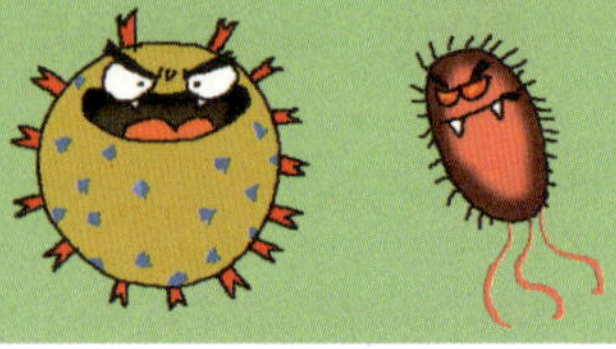

（二）非感染性腹泻

1. 食饵性腹泻：
   （1）喂养不当史　（2）轻型腹泻
   （3）消化不良大便　（4）大便常规（阴性）

2. 症状性腹泻：
   （1）有原发病基础　（2）轻型腹泻
   （3）大便常规（阴性）　（4）随原发病好转

3. 过敏性腹泻：食物不耐受史（原发性、继发性）

4. 其他腹泻：乳糖不耐受（原发性、继发性）
   继发性腹泻多继发感染型腹泻和/或抗生素、消毒剂使用，大便常规（阴性）或少量红、白细胞

如何区分感染性腹泻和非感染性腹泻

腹泻是由于肠道受到刺激，导致肠道消化吸收功能下降，排出原始未消化食物成分，体内大量液体由身体内转移到肠道中，出现水样便，肠道活跃，蠕动增快，排便次数增加。它和发热、咳嗽一样都是一种症状，而不是一种疾病。

细菌、病毒等感染性因素引起的腹泻，往往发热在先，且先期多有呕吐的表现。发热、呕吐后，第一次排便未必是腹泻，但紧接着就会出现腹泻。细菌感染导致的腹泻，大便中往往可见黏液，甚至脓血样物质，每次排便量并不多；病毒感染导致的腹泻往往为稀水样大便，每次排便量很多，容易出现脱水。

非感染性因素引起的腹泻，往往是食源性因素。消化不良，会表现为大便中有原始食物颗粒，不伴发热，偶有呕吐。过敏性腹泻，在进食一定食物数小时至 1 ~ 2 天内出现，会有反复，与进食明显相关。气候原因，往往与变天、换环境等有关。非感染性腹泻，大便检查往往正常，调整饮食或改变环境即可纠正。

不论何种原因引起的腹泻，肠道黏膜都会受到损伤，非感染性因素损伤相对较轻，但大便检查也可能发现少许白细胞和红细胞。若白细胞小于 10 ~ 15 个 / 高倍视野，不能确定为细菌感染。感染性腹泻时，大便检测除了较多白细胞外，还有红细胞。若以红细胞为主，很可能与食物过敏等非感染性因素有关。家长需要牢记的是不要盲目使用抗生素！抗生素不是止泻药！

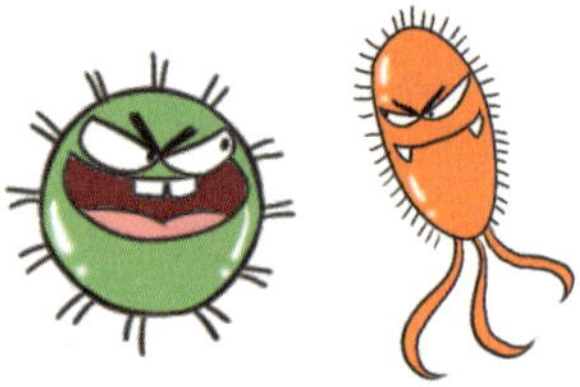

从原因来看，腹泻包括感染性的病毒、细菌腹泻；

非感染性的过敏、水土不服、食物不耐受导致的腹泻；

还包括继发一些疾病或药物使用后腹泻等。

病毒引起的肠炎，大便常规可发现几个白细胞或红细胞/高倍视野，但没有特效药物。真正的治疗包括预防和治疗脱水，益生菌辅助可抑制和消灭病毒。

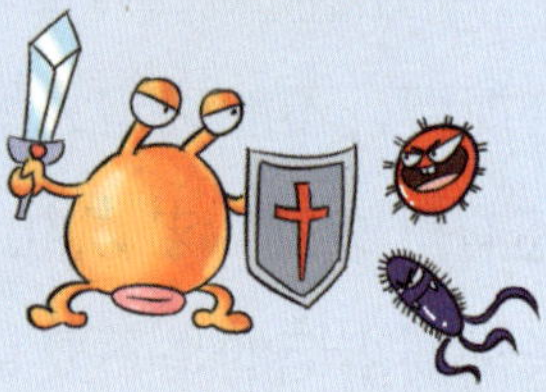

病毒感染性腹泻

引起腹泻的原因很多，从原因来看，腹泻包括感染性的病毒、细菌引起的腹泻；非感染性的过敏、水土不服、食物不耐受导致的腹泻；还包括继发一些疾病或药物使用后腹泻等。治疗腹泻必须寻找到导致腹泻的原因，才能从根本上解决问题，不能立刻止泻。

如果腹泻时大便呈稀水样，也可形容为“蛋花汤”样，往往提示是病毒感染，便常规检测可能会显示少许或没有白细胞、红细胞/高倍视野；轮状病毒或腺病毒等抗原检测为阳性。特别多见的是轮状病毒感染，现在很多医院都可以定性大便轮状病毒，如果轮状病毒抗原检测为阳性即可确诊（关于婴幼儿最常见的轮状病毒感染本书第二章会专门讲解）。

在婴幼儿腹泻中，细菌性肠炎占据少数，常见的是病毒感染，治疗病毒性腹泻的原则是“预防和治疗脱水+适宜营养”：

1. 口服补液盐预防和治疗轻度、中度脱水；

2. 母乳喂养添加乳糖酶，配方奶喂养换成无乳糖配方；

3. 益生菌等辅助；

4. 有发热等症状时用退热等方法对症治疗；

5. 避免使用抗生素。

什么是痢疾？

理论上讲，痢疾杆菌引起的肠道感染才属痢疾，只有大便培养才能证实。现临床上将大便常规中白细胞＞15～20个/高倍视野，同时红细胞＞15～20个/高倍视野的情况，怀疑为痢疾，使用抗生素前须进行大便培养，仅有少数红、白细胞不能诊断为痢疾，否则滥用抗生素还会出现抗生素相关性腹泻。

白细胞＞15～20个/高倍视野

红细胞＞15～20个/高倍视野

→ 怀疑为痢疾

小贴士：

冰箱内食物有可能造成细菌性肠道感染。由于很多家庭没有定期清洗冰箱内部，致使冰箱内存留有很多种细菌。当冰箱内食物提供适当的营养时细菌即可生长繁殖。

一般家长都知道冰箱内的食物凉，不能取出后马上食用，否则会引起胃肠不适，却不知冰箱还是食物的再污染地，从冰箱取出新鲜食物，特别是水果、蔬菜后，如果忽略了再清洗，同样也有可能造成细菌性肠道感染。

细菌感染性腹泻

前面提到，遇到孩子出现腹泻时，一定要在 1～2 小时内将留取的大便标本送到医院检查，如果大便常规检查提示红细胞和白细胞都达到每高倍视野 15～20 个以上才应考虑为细菌感染。只有细菌感染时，才应考虑口服抗生素。如果每高倍视野仅几个红细胞或白细胞不能说明是细菌感染或只是轻微细菌感染，不需考虑口服抗生素，可以服用活性益生菌。

在确定细菌感染前，“必须”进行大便培养。由于大便培养需要至少 3 天才能得到结果，因此可先用抗生素，待培养结果出来后，再考虑继续、停止或更换抗生素。

另外，如果孩子得了细菌性肠炎，停止使用抗生素的时机不是根据大便颜色和性状。若开始使用抗生素，就应连续使用至少 5～7 天，然后再次化验大便，如果化验结果正常可以停药，否则需要继续服用直到检测正常为止。千万别见好就收，造成慢性肠炎、细菌耐药。

抗生素可杀灭肠道内致病细菌，同时也可杀灭对人体有益的肠道细菌。所以，细菌性肠炎时，除了服用抗生素外，还需服用益生菌制剂。但抗生素与益生菌服用应间隔至少 2 小时。这样可避免抗生素与益生菌间作用的相互抵消。其实，益生菌本身也可抑制肠道内致病菌的生存并抵消部分毒性，对治疗也有帮助。

若无明显全身中毒症状——高热不退、极度疲惫，甚至休克前期表现，使用抗生素的最好途径还是口服。口服抗生素，进入肠道快，作用也及时。不要迷信静脉输注抗生素。再有，不要使用止泻药！早些排出细菌和毒素，疾病好转会更快，必要时还需要导泻或灌肠。

无乳糖配方是专为乳糖消化不良/不耐受婴儿所配制的特殊配方粉。其营养效果与普通配方相同，绝对能够满足婴儿需求。

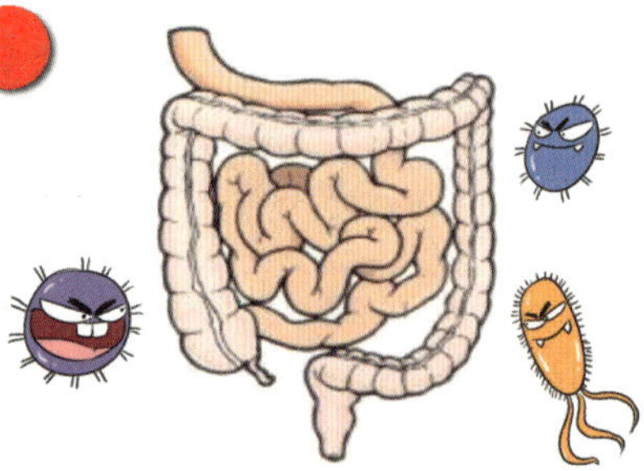

严重的细菌性肠炎时，致病细菌和治疗使用的抗生素会破坏肠道黏膜以及肠道黏膜上的正常菌群。

若治疗不得当，易出现慢性腹泻。

慢性腹泻，意味着肠道受损较重，肠道菌群失调，易继发食物过敏。

推荐使用深度水解蛋白加无乳糖的特殊配方粉，还要添加活性益生菌。

乳糖不耐受性腹泻

乳糖是母乳、哺乳动物乳汁中主要的碳水化合物。婴幼儿腹泻后因肠道黏膜受损，会使小肠黏膜上的乳糖酶遭到破坏，导致奶中乳糖消化不良，引起乳糖不耐受性腹泻。特别是患轮状病毒性肠炎后，容易继发乳糖不耐受。

无乳糖配方是专为乳糖消化不良 / 不耐受婴儿所配制的特殊婴儿配方粉。乳品中所含碳水化合物为乳糖。婴幼儿腹泻致肠道黏膜受损的同时，会破坏其表面消化乳糖酶，造成暂时乳糖消化障碍，加重腹泻。无乳糖配方粉，不是不含碳水化合物，而是用麦芽糊精等替代，其营养效果与普通配方相同，绝对能够满足婴儿需求。严重腹泻时，普通配方粉应换成不含乳糖的特殊配方。母乳喂养儿不易受轮状病毒侵袭，一旦受到侵袭，腹泻较为严重，可在 1～2 周内添加外源性乳糖酶，也可考虑暂时换成不含乳糖的配方粉 1～2 周。

乳糖酶损失程度与腹泻的严重程度和原因有关。在治疗腹泻的同时，只用无乳糖配方粉，利于腹泻期间营养素的吸收。腹泻好转后肠道黏膜修复需要一定时间，所以建议无乳糖配方粉使用 2 周或更长时间。

1. 病情非常严重。

2. 腹泻导致孩子出现了脱水的症状。

腹泻时，建议给宝宝喝以下饮品

1. 苹果汁。

2. 放掉气的可乐。（适用于3岁以上儿童）

3. 米汤（水开后，下入大米，煮10分钟关火，取米汤）。

这些液体均含有丰富的电解质，可有效预防因腹泻引起的脱水。

孩子腹泻时什么情况要看医生

腹泻很容易引起孩子脱水，所以孩子腹泻时，建议喝一些富含电解质的水，这样可以有效预防因腹泻引起的脱水。

但是，孩子出现腹泻后有两种情况必须看医生：

1. 病情非常严重，如高热、精神状况非常差、呕吐严重等；

2. 腹泻导致孩子出现了脱水的症状。如孩子已经连续 4 个小时没有排尿，口腔黏膜比较干燥，哭的时候没有眼泪等，这些都是脱水的早期表现。遇此情况，必须及时带孩子到医院，进行补液治疗，否则有可能使病情加重。

TIPS：预防脱水小妙招

腹泻时，建议给宝宝喝：

1. 苹果汁；

2. 放掉气的可乐（适用于 3 岁以上儿童）；

3. 米汤（水开后，下入大米，煮 10 分钟关火，取米汤）。

这些液体均含有丰富的电解质，可有效预防因腹泻引起的脱水。

病情分类

1.轻型腹泻

特点：①胃肠道症状轻
②无脱水
③无中毒症状

2.重型腹泻

特点：①胃肠道症状重
②脱水明显、电解质紊乱
③中毒症状

孩子腹泻时家长最需要关心的问题

如果孩子出现腹泻，家长必须关注如下几件事情以配合医生的诊治：

1. 腹泻前有无不适表现、是否有呕吐；

2. 腹泻次数和颜色、性状；

3. 排尿量和间隔时间，特别是就诊前最后一次排尿时间；

4. 预防脱水可少量多次饮淡糖盐水，若 4 小时内没有排尿，应该到医院输液；

5. 体温超过 38.5℃时服用退烧药；

6. 留取大便标本置于小瓶、小盒或保鲜膜内，排便后 2 小时内送到医院检测，检查项目除了大便常规，还要有轮状病毒抗原，根据情况还应做大便细菌培养。

不仅是腹泻，如果孩子排便出现异常，比如稀水样、大便带黏液或血等情况，家长都需要将大便中最可疑的部分取出置于小塑料瓶内或保鲜膜内，于排便后 2 小时内送到医院检查。检查项目应该包括大便常规（大便性状、显微镜下观察到的红细胞和白细胞数量、细菌数量等）加上大便潜血、轮状病毒抗原等。

如何预防宝宝腹泻？

1. 饭前便后洗手
（有效洗手）

2. 杜绝孩子吃手
（安抚奶嘴）

3. 消毒纸巾擦手
（应该避免）

4. 少与外人接触
（适可而止）

5. 科学加工食物
（非常必要）

6. 积极预防接种
（可以考虑）

2 图解轮状病毒

轮状病毒

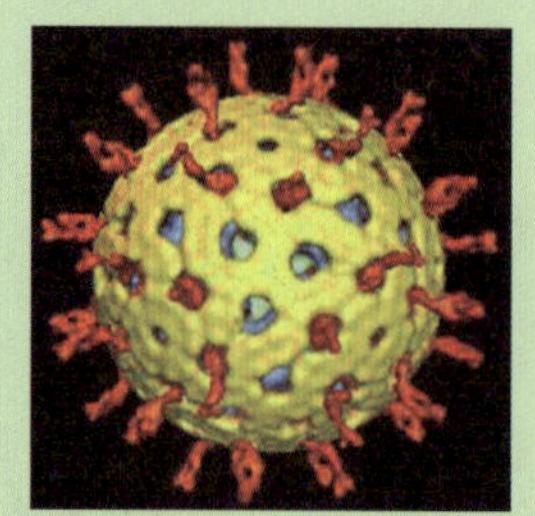

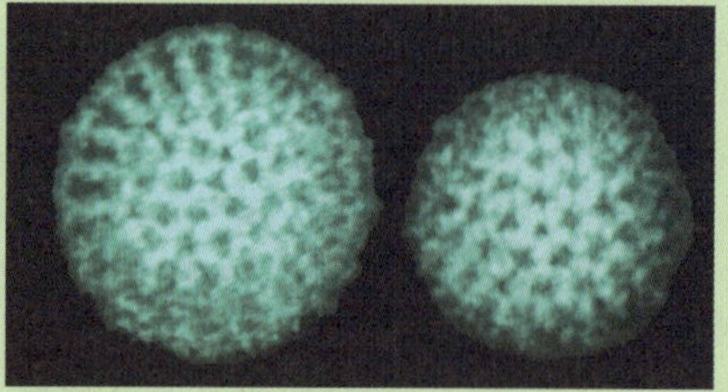

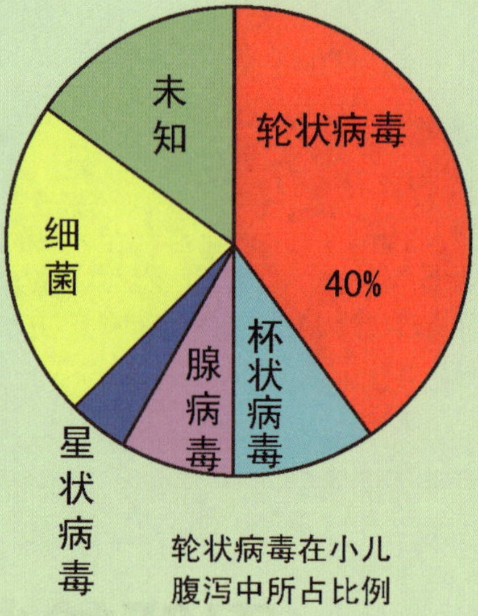

轮状病毒在小儿腹泻中所占比例

轮状病毒在电子显微镜下外形貌似车轮。

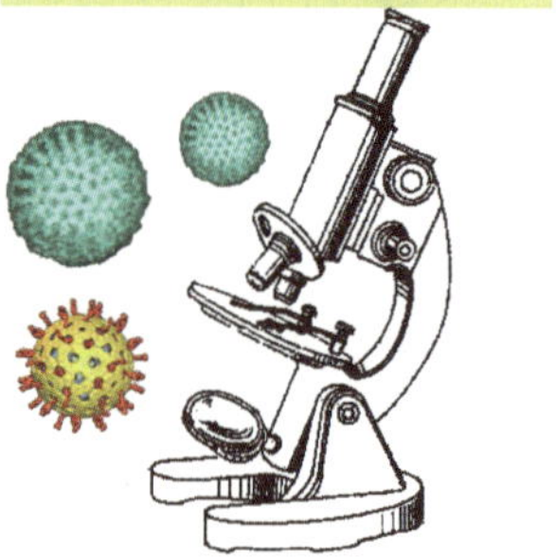

它可以侵犯任何年龄人群，年龄越小，症状越重。

轮状病毒常常导致脱水。

什么是轮状病毒

有一种病毒主要侵犯婴幼儿，婴幼儿被它侵犯后初期出现轻度上呼吸道症状，很快就会引起呕吐和急性腹泻，常常会导致脱水。因为这种病毒在电子显微镜下外形貌似车轮，所以称之为“轮状病毒”。

轮状病毒可以侵犯任何年龄的人群，常常影响6岁以下儿童，1岁以下幼儿为高危人群。年龄越小，症状越重。急性水样便为特征，因此特别容易引起脱水。轮状病毒腹泻早期应及时补充含有一定电解质的液体，比如口服补液盐；后期，因乳糖不耐受现象，可坚持母乳+乳糖酶或选用不含乳糖配方粉。益生菌也有一定缩短病程的作用。

遇到孩子腹泻，可以留取大便标本进行直接轮状病毒抗原检测，而且检测方法准确性较高。由于轮状病毒又分为好几型，理论上可以多次感染轮状病毒，但实际上很少有婴幼儿能患两次以上。

轮状病毒性胃肠炎

患轮状病毒性胃肠炎时，呕吐期间，孩子进食液体比较困难。家长首先应保持孩子处于安静状态、减少呕吐次数。

诱导排便也是制止呕吐的有效方法。早些排出胃肠内的毒素，有利于疾病的早期恢复。

轮状病毒引起的胃肠炎常发生于秋冬季节，好发年龄为6个月至2岁的婴幼儿，4岁以上比较少见。

在婴幼儿排便后2小时内，将大便标本留于干净的塑料瓶内或保鲜膜内，送至医院化验室。

轮状病毒性胃肠炎的病程在5～7天，对孩子的主要危害是脱水，预防和治疗脱水尤为重要，益生菌辅助，不含乳糖配方粉支持，5～7天即可自愈。

轮状病毒性胃肠炎

轮状病毒引起的胃肠炎常发生于秋冬季节（10 月—次年 2 月），所以过去被称为“秋季腹泻”，虽然轮状病毒性胃肠炎不仅仅发生于秋季，但秋季仍是高发季节。轮状病毒性胃肠炎的好发年龄为 6 个月至 2 岁的婴儿，四岁以上比较少见。通过大便轮状病毒抗原能够快速测定。要求家长在孩子腹泻后，将大便标本留于干净的塑料瓶内或保鲜膜内，在婴幼儿排便后 2 小时内送至医院化验室进行检测。

患轮状病毒性胃肠炎时，孩子会发热、呕吐，大便呈稀水样，也可形容为“蛋花汤”样。轮状病毒性胃肠炎初期，孩子以发热和呕吐为主，呕吐期间，进食液体比较困难，往往是喝 10 毫升水，呕吐出 20 毫升。这时，家长应该尽可能保持孩子处于安静状态，尽可能减少呕吐次数。同时，诱导排便也是制止呕吐的有效方法。早些排出胃肠内的毒素，还有利于疾病的早期恢复。

轮状病毒胃肠炎仍然符合感染性胃肠炎表现——发热、呕吐在先，紧接着为腹泻阶段，以水样便为主。对婴幼儿来说，非常容易出现脱水，应积极治疗。

轮状病毒性胃肠炎的病程在 5～7 天，对孩子的主要危害是脱水，预防和治疗脱水尤为重要，益生菌辅助，母乳 + 乳糖酶或不含乳糖配方奶支持，5～7 天即可自愈。

防治脱水

1. 富含电解质的液体：

含糖的温水× 含盐的温水× 米汤√

运动饮料× × 苹果汁√ √ √ 不含气的可乐√ √

2. 口服补液盐（ORS）

主要成分：氯化钠、碳酸氢钠、氯化钾、葡萄糖

适应症：（1）预防脱水

（2）轻、中度脱水，无呕吐者

口服量的计算：

预防脱水	轻度脱水	中度脱水
20～40mL/kg	50mL/kg	100mL/kg

方法：少量多次

3. 静脉补液：

中度以上脱水及频繁呕吐（医生决定）

轮状病毒最大的危害——脱水

轮状病毒性胃肠炎对婴幼儿造成的危害就是呕吐以及腹泻后的脱水。脱水指的不仅仅是水分丢失，同时还有电解质丢失。轮状病毒胃肠炎来势凶猛，它损伤小肠黏膜的速度极快，可致小肠黏膜吸收水分明显减少，同时导致乳糖消化障碍，增加肠内渗透压，致体内大量水分进入肠道，最终导致大量含有电解质的水分快速丢失，引起脱水。严重脱水可造成大脑等器官损伤，甚至危及生命。

家长应给孩子服米汤、苹果汁等含有糖、盐、水分的混合液体。从严格标准来说，药房能够买到的含有电解质的“口服补液盐”是最佳选择，液体中含有的葡萄糖、钠和钾以及水分，可有效预防和治疗轻度脱水。使用时按照说明书上的稀释方法，少量多次喂服，既可预防脱水，又可治疗轻中度脱水。另外，家庭治疗中，在尽可能进水情况下，如果孩子 4 小时内仍没有排尿，甚至出现哭时少泪、口腔干燥等情况，应到医院就诊，通过静脉输液纠正脱水。

脱水的临床表现

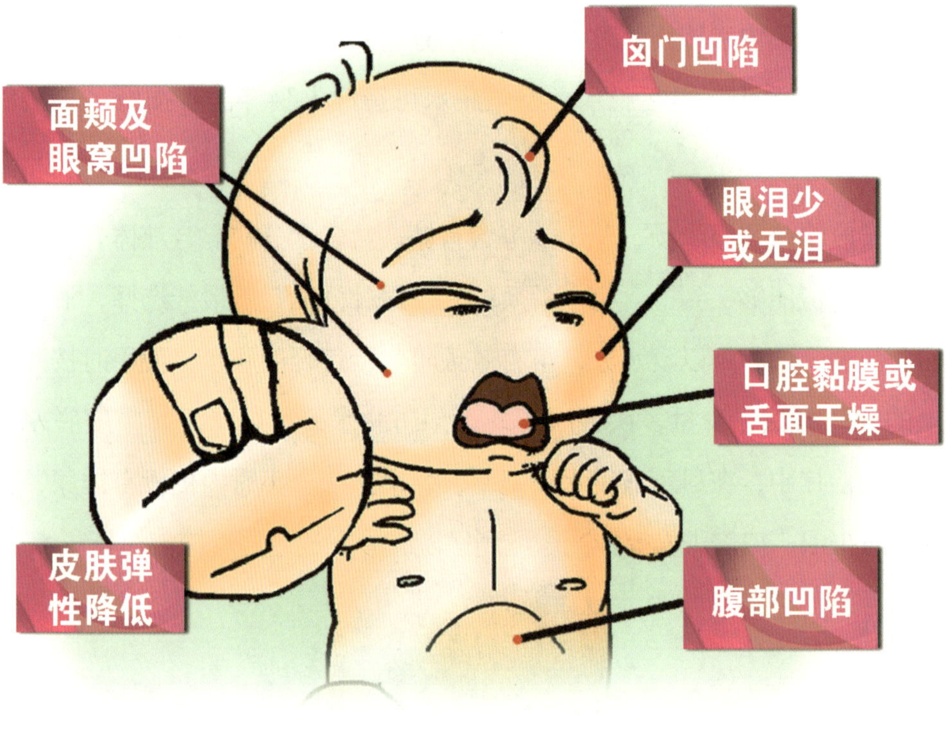

急性腹泻、高热、呕吐等都可能引起脱水。
孩子脱水后的临床表现如上图所示。

小儿不同程度脱水的判断要点

	轻　度	中　度	重　度
体液丢失占体重的比例（%）	＜5	5～10	＞10
失水量（mL/kg）	50	50～100	100～120
精神状况	稍差	萎靡或烦躁	昏睡、昏迷
眼眶、前囟	凹陷不明显	凹陷	深凹
眼泪	有	减少	无
口唇黏膜	稍干	干燥	极干
皮肤弹性	好	差	极差
尿量	稍减少	明显减少	无
休克	无	无	有

孩子刚1岁，第一次领教到秋季腹泻的厉害。拉了一星期后开始服药，抗生素和益生菌使用5天后，大便正常，化验了两次白细胞都是0。结果一停药又开始狂拉，有人说再吃两天抗生素。这样反反复复吃抗生素可以吗？
“秋季腹泻”是因轮状病毒感染所致。
轮状病毒可通过呼吸道和消化道共同侵入人体，侵犯肠黏膜造成急性渗出，引起水样便，非常容易造成婴幼儿脱水。
轮状病毒在体内存活5～7天，属于自愈性疾病。此间，预防和治疗脱水最为关键，千万不要使用抗生素，否则病程会延长。

轮状病毒感染要用抗生素吗

有些家长一听孩子是秋季腹泻或轮状病毒性胃肠炎，立刻给孩子用抗生素。但实际上，轮状病毒胃肠炎是典型病毒感染，理论上没有必要使用抗生素。轮状病毒可侵犯小肠黏膜，造成黏膜损伤。所以，大便常规检查除可查出轮状病毒抗原阳性外，有可能会发现少量白细胞和红细胞（<10 个 / 高倍视野），不要因大便中发现少量白细胞和红细胞就用抗生素，以免造成轮状病毒感染基础上又出现抗生素相关性腹泻，使病程延长。

我曾接诊过一名 11 月龄的女婴，前一天开始不舒服，半夜发热，第二天早晨开始呕吐，至傍晚共呕吐 8 次。此间，家长给孩子服用了头孢克肟和中药。大便检查显示为轮状病毒胃肠炎。当问及家长为何选用抗生素时，家长的回答非常简单："为了消炎。"这位家长的想法和做法非常具有代表性，但抗生素只针对细菌或一些特殊微生物感染，绝对不能杀灭病毒。

大量、频繁的抗生素应用会导致孩子肠道内正常菌群破坏增多，肠道屏障完整性受到损害。亲爱的家长，别太爱抗生素了！

孩子轮状病毒腹泻时如何护理？

对轮状病毒腹泻，目前无特效药物治疗，护理时要注意做到：

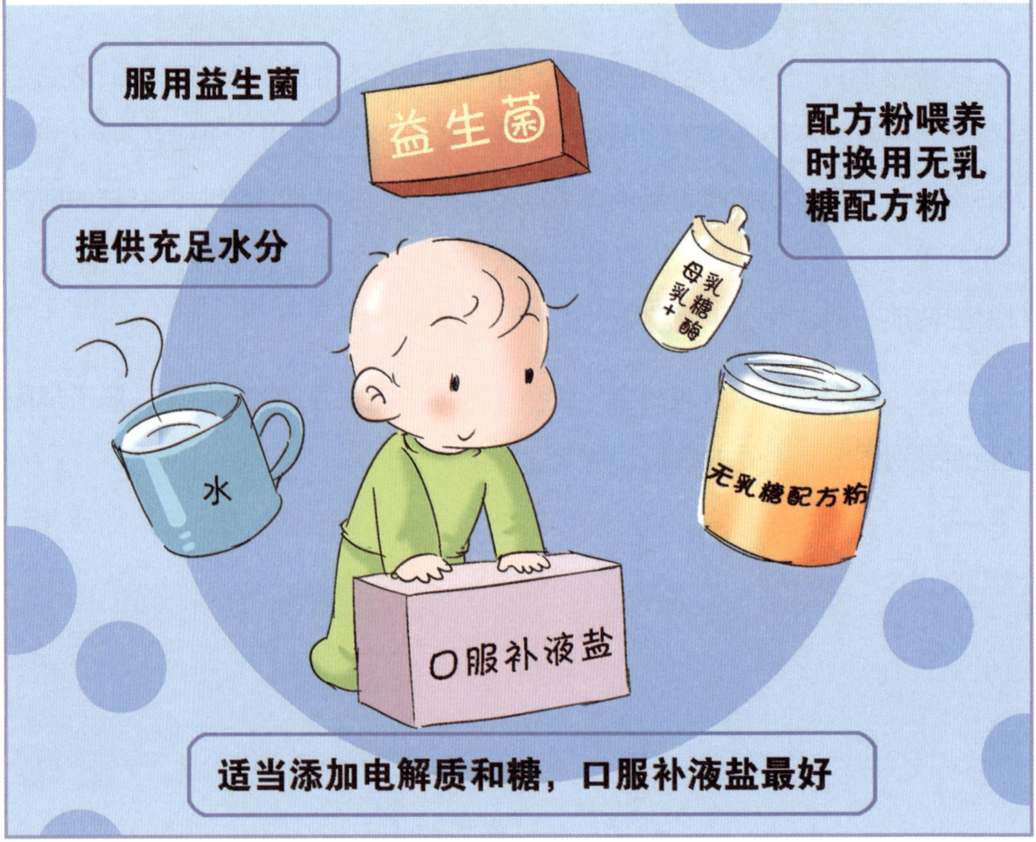

孩子轮状病毒腹泻时如何护理

轮状病毒性胃肠炎初期，孩子以发热和呕吐为主。呕吐期间，进食液体比较困难。这时，家长应该尽可能保持孩子处于安静状态，以减少呕吐次数。同时，诱导排便也是制止呕吐的有效方法，早些排出胃肠内的毒素，有利于疾病的早期恢复。

另外，轮状病毒感染期间，由于急性胃肠损伤，造成婴幼儿进食受限。首先保证液体（口服或静脉输液）入量，再有就是营养支持。肠炎期间，小肠黏膜上乳糖酶受到不同程度损伤造成对乳糖消化不良，出现乳糖不耐受腹泻。为此，除了适当保持母乳外，应选用不含乳糖的特殊配方粉提供营养。

轮状病毒胃肠炎的自然病程在 5～7 天。有些婴儿腹泻时间长，应考虑是后期的乳糖不耐受所致。而且，轮状病毒感染后 2～4 周都会有不同程度的乳糖不耐受问题。建议配方奶婴儿换用无乳糖配方粉，母乳喂养儿一般不需特别关注，若腹泻仍然严重，坚持母乳喂养的同时添加“乳糖酶”。

轮状病毒腹泻目前无特效药物治疗，护理注意：

1. 提供充足水分；

2. 适当添加电解质和糖，口服补液盐最好；

3. 服用益生菌；

4. 配方粉喂养时换用无乳糖配方粉，母乳喂养时可加用乳糖酶。

接种轮状病毒疫苗

国产轮状病毒疫苗是减毒重组的活疫苗

1. 接种对象　主要用于6个月～5岁以下婴幼儿

2. 使用方法　直接喂于婴幼儿，用量为每人每次口服3mL，切勿用热水送服

3. 禁忌症　有以下症状和疾病的患儿禁用：

①患严重疾病、急性或慢性感染者　②患急性传染病及发热者

③先天性心血管系统畸型患者，血液系统、肾功能不全患者

④严重营养不良、过敏体质者　⑤消化道疾患，肠胃功能紊乱者

⑥有免疫缺陷和接受抑制治疗者

注意事项

①接种过其他疫苗者，应间隔2周以上方可接种本疫苗

②请勿用热开水送服，以免影响疫苗免疫效果

③玻璃瓶开启后，疫苗应在1小时内用完

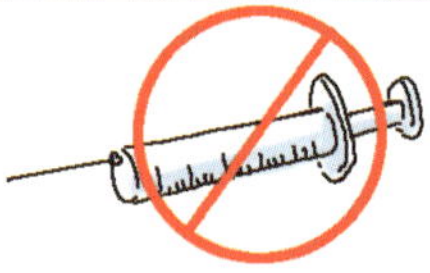

④本疫苗为口服疫苗，严禁注射

如何预防轮状病毒性胃肠炎

“秋季腹泻”——轮状病毒感染在一年四季都可发生，秋末冬初是高发季节。轮状病毒胃肠炎是典型病毒感染。它既可通过消化道传染，也可通过呼吸道传染，所以传染性极强，有防不胜防的感觉。

预防轮状病毒感染最为有效的方法就是口服轮状病毒疫苗。国产轮状病毒疫苗是减毒重组的活疫苗，接种对象主要是 6 个月至 5 岁以下的婴幼儿，接种方法为直接喂于婴幼儿，用量为每人每次口服 3mL，不能用热水送服。服用后数月内，大便会查到轮状病毒抗原。

有不少家长担心轮状病毒疫苗是否能起作用，口服轮状病毒疫苗是针对轮状病毒感染的疫苗。服用疫苗后，发生轮状病毒感染的机会明显减少，但是不会做到 100% 预防。疫苗接种后，即使出现轮状病毒感染，病情也一定会较轻，病程一定会缩短。其实，所有疫苗接种都是如此，虽然接种后都不可能百分之百地预防相关疾病，但是却会百分之百地减轻疾病发生的程度。

还有很多在家的婴儿，也会通过成人媒介感染轮状病毒，所以预防此感染，大人除注意洗手外，当出现呼吸道不适时也要注意适当的呼吸道隔离——少亲吻孩子、注意戴口罩等。

益生菌能提高免疫力吗?

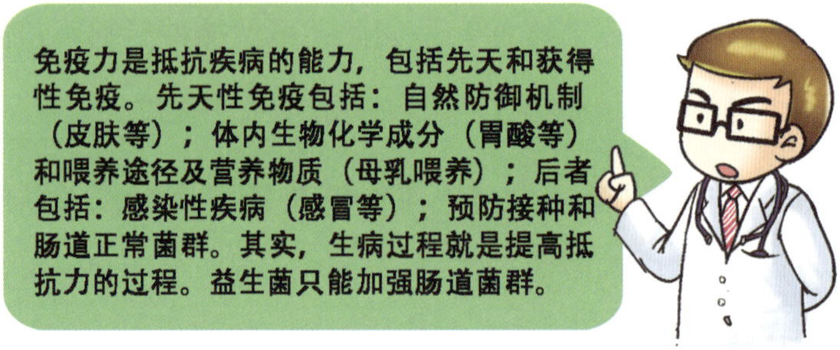
免疫力是抵抗疾病的能力，包括先天和获得性免疫。先天性免疫包括：自然防御机制（皮肤等）；体内生物化学成分（胃酸等）和喂养途径及营养物质（母乳喂养）；后者包括：感染性疾病（感冒等）；预防接种和肠道正常菌群。其实，生病过程就是提高抵抗力的过程。益生菌只能加强肠道菌群。

3 图解小儿便秘

宝宝排便间隔时间长就是便秘吗？

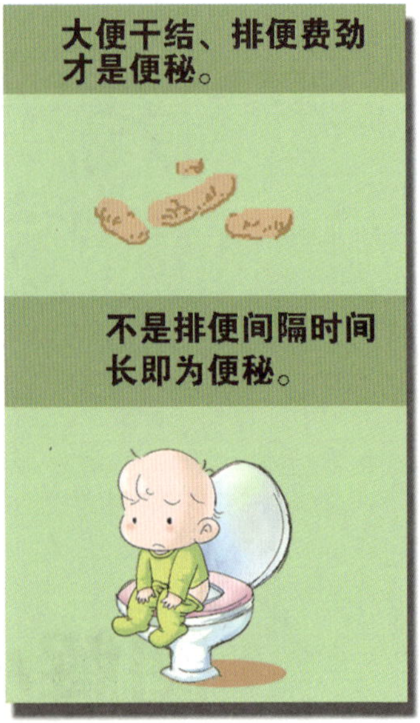

若孩子每次排便性状正常，排便过程不费力，不必纠结排便间隔时间。大多数婴幼儿每天排便1～2次。

但也有的婴儿一两天，甚至3～6天排便一次；还有每天排便3～5次。只要婴儿进食正常、生长正常，精神状态良好就不必担忧！

孩子排便间隔时间长就是便秘吗

现在来儿科的很多家长都认为，孩子一天没大便就是便秘了。在宝宝排便问题上，父母可能觉得一定要按照某个频率才是正常的，比如一天一次或两天一次。一旦这个频率被打乱父母就会很担忧。但事实上规律不等于频繁，其实每个宝宝都有自己的排便习惯，只要宝宝不感到排便困难，并且精神状态良好，家长就不需要担心。

便秘不是以排便间隔时间为标准，而是以大便干结、排便费劲为依据。有些婴幼儿对液体食物，特别是母乳，消化吸收能力很强，消化后食物残渣少，致使排便间隔时间长，但排便并不费劲，且大便也不干燥，这属正常现象。只有大便干结并且排便费劲才属便秘。大便最后形成于左侧降结肠。如果结肠内细菌能够将食物纤维素败解发酵，就会产生水溶性的短链脂肪酸，吸收很多水分。大便中水分正好就是软便；水分过多就是腹泻；水分过少就是便秘。便秘是因大便中水分过少，可能是固水的纤维素少，也可能是乙状结肠冗长或肛门狭窄，致粪便在肠道中存留时间过长，水分回吸收过多。排便间隔长，但大便不干，与肠道吸收功能强，粪便量少，或肠道发育尚不成熟等有关。

总之，大便干结和排便费劲称为便秘，它不同于排便间隔时间长——有人称之为“攒肚”。便秘不一定排便间隔长，很可能每天一次，也可能每天两次或更多，但每次排便均干、硬。出现“攒肚”情况时，家长需要关注婴儿进食状况是否受排便习惯的影响；生长是否正常；有无不适表现？单纯多喝水并不能缩短排便间隔时间。

便秘的原因

便秘的主要原因是食物加工过细、过精。过细、过精的食物，虽然有利于营养吸收，但食物残渣少，容易导致便秘，而加工过粗的食物，容易出现消化不良导致腹泻。所以，食物加工一定要适当。

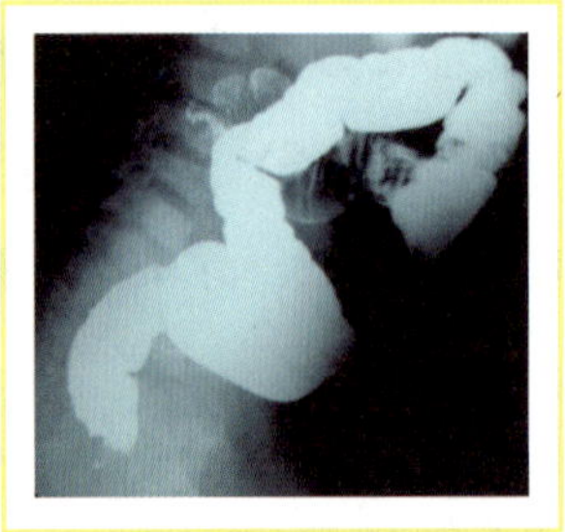

引起便秘的少见原因是肠道畸形，如乙状结肠冗长。

常见原因是食物中纤维素不够，致大便中固水物质不足，形成干结大便。

多喝水并不能从根本上纠正便秘，服用益生菌+纤维素（乳果糖口服液）会有明显疗效。改善饮食结构+良好排便习惯可预防便秘。绝对不能提倡长期使用药物来代替便秘原因的查找和治疗。

孩子便秘有哪些原因

便秘是婴幼儿比较常见的问题。便秘的主要原因，不是喝水不够，而是食物加工过细、过精。过细、过精的食物，有利的一面是营养吸收好，对生长有利；不利的一面是食物残渣少，容易导致便秘。但食物加工过粗又容易引起消化不良，导致腹泻。所以，食物加工一定要适当。

便秘在幼儿中并不少见，少见原因是肠道畸形等导致大便在肠道中存留时间过长，其中水分回吸收过多引起便秘，如乙状结肠冗长等；常见原因是食物中纤维素不够，致大便中固水物质不足，形成干结大便。因排便费劲，排便间隔进一步拉长，致使大便更加干结。

多喝水并不能从根本上纠正便秘，而纤维素在结肠内被肠道正常菌群败解，产生固水的短链脂肪酸，可以纠正便秘。排除肠道发育问题后，服益生菌 + 纤维素（乳果糖口服液、小麦纤维素等）会有明显疗效。当然，改善饮食结构 + 良好排便习惯可预防便秘。

如果不能解决引起便秘的原因，长期依赖药物不但不能解决根本问题，反而容易延误治疗。任何药物长期服用都可能存在风险，绝对不能提倡长期使用药物来代替便秘原因的查找和治疗。

母乳喂养儿发生便秘机会很低

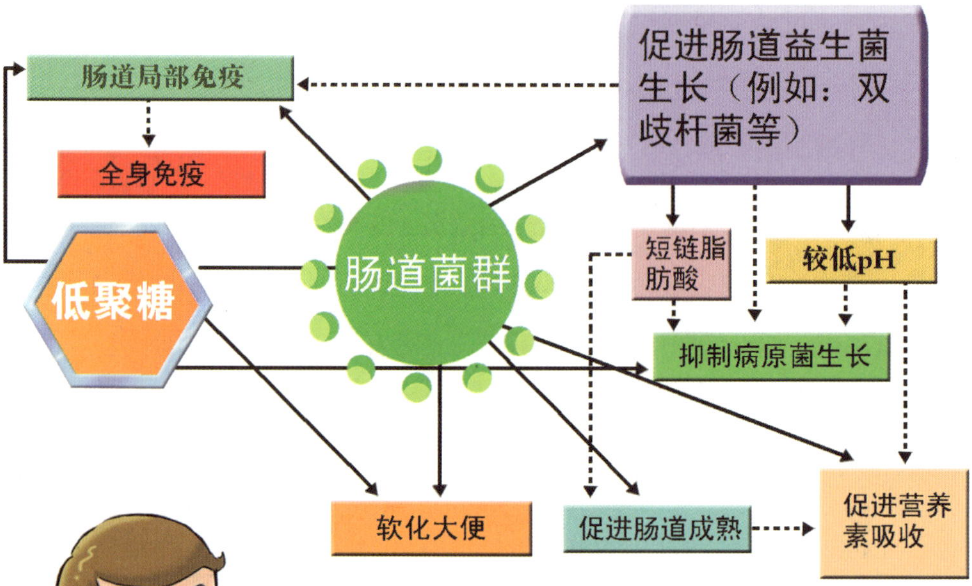

配方粉喂养引起便秘的常见原因包括：

1. 奶粉过稠。

2. 仍然添加钙和维生素D。婴儿配方粉中含有足够的钙和维生素D。过多的钙质在肠道内会与脂肪酸结合形成钙皂，引起便秘。

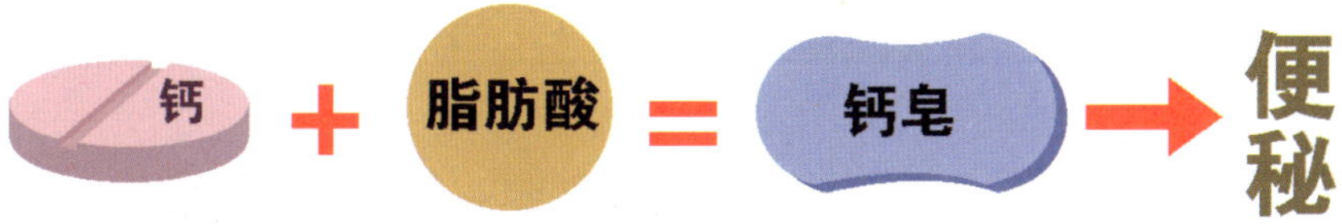

3. 对牛奶蛋白不耐受等。

宝宝喂养与便秘

崔大夫，我女儿长期大便干结，排泄不畅，饮水量很大，蔬菜水果也吃了不少，芹菜、韭菜等粗纤维食物都试过了还是不行，用了很多方法调整大便，效果都不明显，怎么办呢？

大便干燥说明大便中固水物质不足。大便中固水的物质是被肠道健康菌群败解的纤维素。保证大便不干燥的前提是，肠道菌群健康以及纤维素食量足够。对于吃菜比较多的孩子，可以给他补充一些益生菌制剂，以增加肠道有益菌量，这样增加纤维素在肠道内腐败的程度就可根治便秘。

孩子便秘的原因

宝宝喂养与便秘

母乳喂养儿发生便秘的机会很低，有些家长不禁要问，母乳非常容易被婴儿吸收，为何母乳喂养儿便秘发生的机会很低？母乳中营养素非常容易吸收，出现便秘机会应该多，但母乳中含有水溶性纤维素——低聚糖。低聚糖在大肠中败解，增加了粪便的水分，预防了便秘。

配方粉喂养儿容易出现便秘，可能与以下三方面有关：

1. 奶粉兑水时相对过稠；

2. 配方粉中已添加了婴儿生长发育所需的钙等微量元素和维生素 D 等维生素。若家长额外补充，就会造成肠道内不能被吸收的钙等矿物质与脂肪酸结合形成钙皂，容易引起便秘；

3. 牛奶蛋白不耐受等。

所以，配方粉喂养儿出现便秘可以通过以下几方面进行纠正：

1. 注意配方粉调兑方式，先加水后添粉，且粉和水的比例要与奶罐说明相符，切忌粉多水少；

2. 添加活性益生菌，比如鼠李糖乳酸杆菌 LGG 和乳双歧杆菌 BB12 等；

3. 多吃含纤维素多的食物或服用乳果糖口服液、小麦纤维素制剂等；

4. 更换其他配方粉。

宝宝便秘怎么办？

给孩子用开塞露，有没有副作用？

使用开塞露只是暂时刺激排便，只要使用时没有粗暴地机械性损伤肛门和直肠，不会带来副作用。

正确使用开塞露

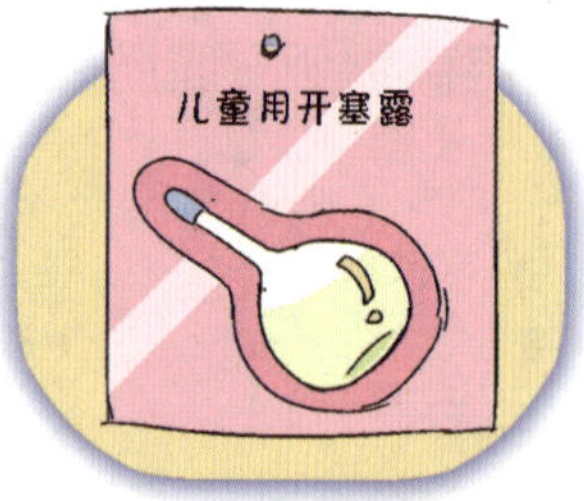

选用儿童剂量开塞露

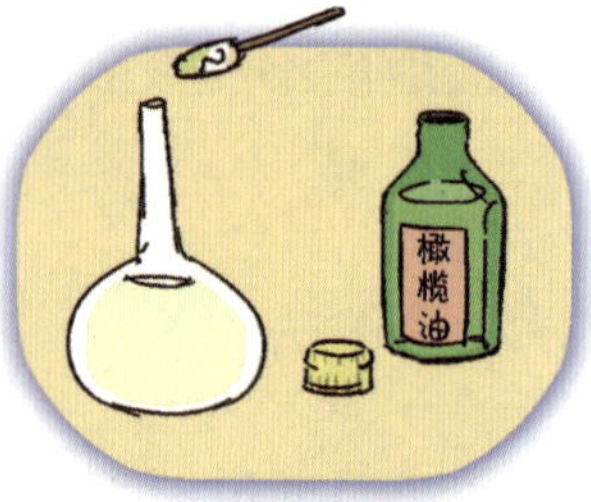

在开塞露药物颈部开口处涂些橄榄油

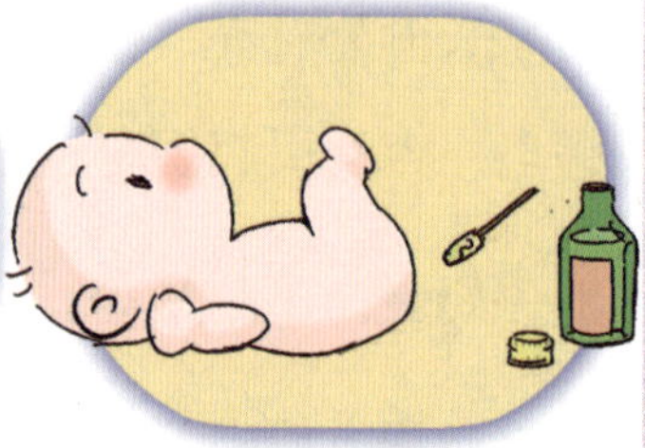

在孩子肛门附近涂些橄榄油

将开塞露的颈部轻轻加压划入直肠，挤入药液

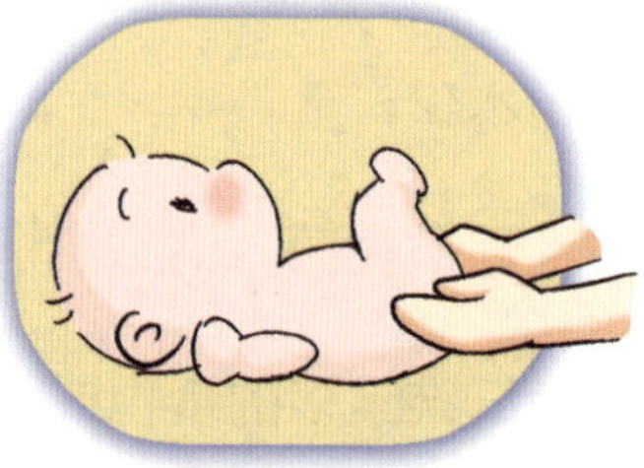

拔出开塞露颈部后，用手夹住肛门，保持数分钟

怎样从根本上解决孩子便秘

解决便秘的方法包括对因和对症。对因——家长可以考虑与饮食是否相关？与排便方式是否相关、与发育是否相关？可在家中适当调整，如果效果不佳就应与医生当面交流。对症——开塞露只能解决眼前排便困难的问题，乳果糖等富含纤维素的药物和食物，联合活性益生菌，可以增加大便中水分，软化大便。

对于常见的便秘，使用开塞露＋益生菌、益生元都会取得良好效果。益生菌＋益生元使用时间至少两周，然后逐渐延长使用的间隔时间，同时调整饮食结构，增加纤维素摄入，养成良好排便规律（定时刺激排便），并解决肛裂等局部问题。如果效果不明显或无效，家长应带孩子就诊，排除其他疾病。对于饮食调整、益生菌＋益生元（如乳果糖口服液）等方法仍不能缓解或纠正的便秘，应该考虑与食物过敏（比如牛奶蛋白过敏）、肛门狭窄、乙状结肠冗长等因素有关。对于顽固性便秘需要做一些检查，例如 X 线、肛门指诊等来确定病因。

使用开塞露可以刺激孩子一次排尽大便，但不仅是为了解决此次的排便问题。有些家长抱怨开塞露的效果不好，可能与使用不当有关。所以，给孩子使用开塞露时要注意以下几点：

1. 选用儿童剂量开塞露；

2. 在开塞露药物颈部开口处涂些橄榄油；

解决便秘的方法

合理服用乳果糖等纤维素药物

合理服用益生菌、益生元

正确使用开塞露

顽固性便秘可到医院通过系列检查确定病因

崔大夫，宝宝两个月大，在四十天以前大便很好，每天四五次，可是最近经常三四天不拉，需要塞肥皂到PP才能拉出来，而且大便有点黏稠，还有宝宝经常放屁，感觉每次放屁都有点痛苦，有时候会哭，怎么办才好？

对于排便间隔时间长，排便费力的现象，家长不要急于自行进行人工排便干预。应该请教医生，孩子是否存在异常情况，根据医生建议进行合理干预。千万不要仅通过塞肥皂等方法解决暂时排便问题。

3. 在孩子肛门附近涂些橄榄油；

4. 将开塞露药物的颈部轻轻加压划入肛门进入直肠；

5. 挤入药液；

6. 拔出开塞露颈部后，用手夹住肛门，保持数分钟；

7. 协助孩子排空干燥大便。

但开塞露只能救急时使用，不是常规排便的先奏曲。长期使用开塞露会出现心理依赖。

乳果糖是非常安全的治疗和预防便秘的药物。很多家长担心长期服用乳果糖是否会有副作用，其实，乳果糖是一种口服的可溶于水的纤维素，母乳中也有可溶于水的纤维素，称为低聚糖。如果婴幼儿不能接受一定量蔬菜等食物纤维时，可以通过乳果糖增添膳食纤维，一般不会出现副作用。口服乳果糖后，药物不被人体吸收，所以不会出现体内受损情况。唯一的副作用就是服用过大剂量后，出现腹泻样表现。所以，服用乳果糖时，要注意选择与孩子年龄相当的剂量，见效后，逐渐减量，坚持最小有效剂量维持至少两周，才可停药。这样的服用方法才能获得理想效果。

虽然谈了很多关于小儿便秘的问题，家长也不要把便秘扩大化。孩子排便不规律、间隔时间长、排便较费劲等都不属于便秘。只有大便干结同时伴有排便困难才为便秘。对于常规处理（益生菌 + 益生元）不能解决的便秘，还应请医生排除乙状结肠冗长、食物过敏等问题，只有找到原因，才能对症解决问题。

大便带血分两种情况：

- 血液覆于大便外面，多见于便秘。可与肛裂、痔疮有关。解决便秘成为关键，除增加膳食纤维（主要是绿色蔬菜）外，可给予乳果糖口服液并定时使用一段时间开塞露，就可纠正便秘。

- 大便内混有血液，说明肠道有损伤，与肠道过敏、感染等有关，需要请教医生。

孩子大便带血怎么办

若孩子大便带血，应观察血液是否与大便混合。

如果大便带鲜血并且与大便混合，说明小肠或直肠受损，此时一般大便性状也偏稀。这不属于传统意义上的肠炎，首先应该考虑食物过敏，特别是牛奶蛋白过敏。抗生素不能治疗这种问题。应该在医生指导下，根据过敏原因考虑更换深度水解或氨基酸配方粉，还应回顾进食历史，停止进食某种食物。

若血液与大便分离，多是肛裂所致。如果有肛裂，仔细观察孩子的肛门，能够找到小裂口。肛裂在排便时会有鲜血附着于大便周围。家长可观察到血液呈小块状。大便排出几分钟后可见到小凝块。大便干燥的孩子容易出现肛裂。在解决便秘的同时，可使用红霉素等药膏涂于小裂口处。没有必要口服抗生素。

提醒家长们注意，在看医生时，不要使用腹泻、便秘这样的结论性词汇，应通过以下方面形容：

1. 性状：水样、糊状、不成形、成形等；
2. 每次排便量；
3. 一天或单位时间内排便次数；
4. 大便内是否可见脓、血、未被消化的食物颗粒等；
5. 排便过程是否非常痛苦；
6. 大便性状出现变化的时间。

若采用自己理解的结论性词汇（腹泻、便秘等）形容婴幼儿排便，医生不易准确、快速了解真实情况。母乳喂养儿多排便较稀、次数偏多；4～6个月内婴儿易有肠绞痛问题，排便费力，甚至哭闹，但大便不干；大便带血，应考虑食物过敏、肠炎或肛裂等。总之，形容得越全面，医生判断起来越准确。

孩子肛裂了怎么办

母乳喂养儿大便多偏稀，次数偏多，稀便只附着于臀部或外阴部表面，用温水冲洗很容易清洁局部。频繁把便，婴儿会频繁用力，加上自身控制肛门括约肌的韧带相对松弛，非常容易造成直肠黏膜经肛门突出的现象——脱肛，以此造成排便时部分梗阻，增加排便费力程度，进而导致肛裂。

有些便秘儿已出现肛裂，排便时，肛裂会带来剧烈疼痛，进一步导致不愿排便，加重便秘。所以，对于便秘儿，家长一定要请医生检查，是否已出现肛裂。如果有肛裂，仔细观察孩子的肛门能够找到小裂口。肛裂在排便时会有鲜血附着于大便周围。家长可观察到血液呈小块状。大便排出几分钟后可见到小凝块。大便干燥的孩子较容易出现肛裂。

若有肛裂，应坚持用温黄连素水浸泡或湿敷局部（1 片黄连素兑 250 毫升温水，每次 15 分钟，每天 1 ~ 2 次），待局部干爽后再使用红霉素等含抗生素软膏，促使肛裂尽快痊愈。每次排便前，肛裂部位涂些抗生素软膏，增加润滑。在解决便秘的同时，可使用红霉素等药膏涂于小裂口处，没有必要口服抗生素。此时应记住：不要给小婴儿把便，这样会加重肛裂。

如果孩子肛裂严重，建议家长带孩子到小儿外科医生处检查，判断是否存在感染，是否需要继续使用局部药物治疗，坚持给孩子服用一些含纤维素的食物，预防出现便秘，也可给孩子添加乳果糖口服液或小麦纤维素等纤维素制剂。

宝宝三岁半了，因便秘引起了肛裂，医生开的都是康复的洗液，愈合慢，现在拉完便便擦屁屁时偶尔纸上有点血，水果蔬菜没断过，请问还有更好的用药吗？
建议家长带孩子到小儿外科医生处检查孩子肛裂的情况，判断是否存在感染，是否需要继续使用局部药物治疗，坚持给孩子服用一些含纤维素的食物，预防出现便秘，也可给孩子添加乳果糖口服液。
我儿子七个半月，大便很辛苦，偏硬。昨天擦拭的时候发现小屁股上有血，纯母乳喂养，辅食也开始吃了。
大便干结、排便费劲，应该是便秘的表现。解决便秘的方法有以下几种：
1. 食物中多些纤维素，比如：青菜；
口服液
2. 可以服用乳果糖口服液，一种可溶性食物纤维；
3. 养成定时排便习惯；
开塞露
4. 排便困难时可临时使用开塞露。

如何预防孩子肛裂

肛裂容易由便秘并发引起，只有解决便秘才可纠正肛裂。平时家长可以注意以下几点，预防宝宝肛裂：

1. 尽可能不用干燥且粗糙的纸巾直接擦拭婴儿肛门部位；

2. 便后用水冲洗臀部，并用软布蘸干或风干；

3. 经常检查孩子肛门部位，及时发现问题；

4. 预防和治疗便秘等。

另外，孩子出现肛裂后应及时就诊，并用黄连素温热液体泡/敷肛门部位，加上局部涂抗生素药膏。

孩子四个多月了，最近拉便便的时候，表情很使劲，并且里面有血丝是怎么回事？
婴儿大便带血，首先应排除肛裂。因排便用力有可能导致肛裂。
再考虑与进食有关。特别是配方粉喂养婴儿。如果怀疑配方粉过敏，建议停止普通配方喂养，换成氨基酸配方两周；如果症状明显缓解或消失，再次进食普通配方后症状又出现，可确诊。
若母乳喂养儿，母亲回避牛奶等饮食，观察效果。
若停用配方粉症状消失，再次进食后又出现便血，可100%诊断配方粉过敏。此时，停用普通配方粉改成氨基酸配方/深度水解配方至少有效3个月，再试图换成部分水解配方有效3-6个月，才可再次试图进食普通配方。
此间不能接受任何含牛奶食物、营养补充剂、药物等，否则前功尽弃，还要从头做起。

4 对小儿肠道状况的正确监测和护理

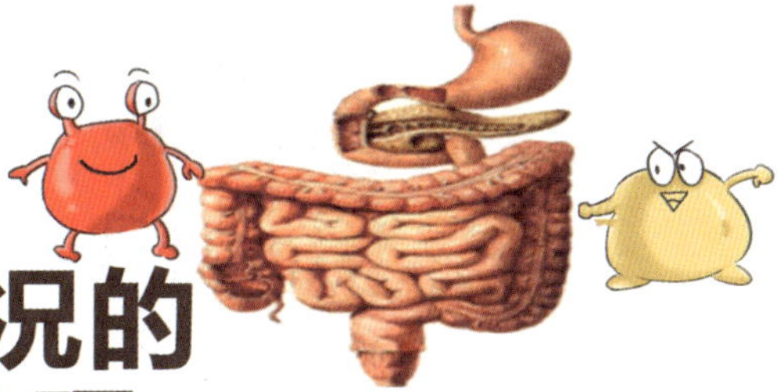

肠道是人体健康的风向标，情绪变化、疾病等都会导致肠道功能异常。

如果肠道不够健康，整个人也会处在免疫力低下的非正常状态。

孩子胃肠功能异常时，可能是孩子生病的前兆。生病期间，肠道仍会异常——排便间隔长、便秘等。

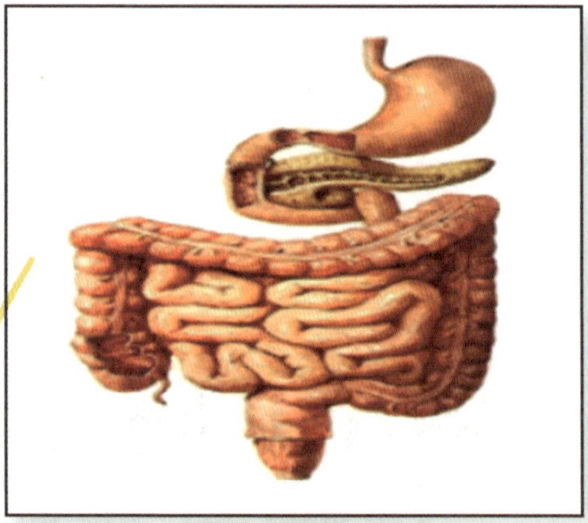

通过观察大便，我们可以很容易推断出肠道的健康情况，如果孩子的大便软硬度刚刚好且排便规律，就说明他的肠道是健康的。

如何判断孩子的肠道是否健康

肠道是人体健康的风向标，情绪变化、疾病等都会导致肠道功能异常。有时肠道异常表现在先，比如发烧咳嗽前已口臭、大便恶臭且干燥，胃肠功能异常时，家长需警惕孩子开始生病了。生病期间，肠道仍会异常——排便间隔长、便秘。此时进行适当的人工干预，促使肠道功能恢复正常，有利于疾病尽快恢复。

肠道是人体最大的免疫器官。它除了掌管消化、吸收、分泌功能外，还肩负着完善人体免疫大计的重任。肠道健康，受益的可不仅是肠道而已，更会惠及全身。反之，如果肠道不够健康，整个人也会处在免疫力低下的非正常状态。

正常人的肠道里有“好菌”也有“坏菌”，二者平衡才构成了健康的肠道。当菌群遭到破坏，肠道功能失常，大便就会出现异常情况，出现腹泻或便秘。因此通过观察大便，我们就可以很容易推断出身体肠道内的健康情况，如果孩子的大便软硬度刚刚好且排便有规律，就说明他的肠道是健康的。

如何维持正常的肠道功能？

营养均衡的膳食。

不要食用过冷、过热的食物，切忌暴饮。

充足的睡眠。高质量的睡眠有助于改善孩子的免疫系统。

规律的作息。孩子的肠胃发育还不够完善，因此更需要保持自然规律的作息习惯。

少菌而非无菌的生活环境。少量细菌进入到孩子的肠道内，对他之后肠道免疫功能的建立和成熟非常有好处。

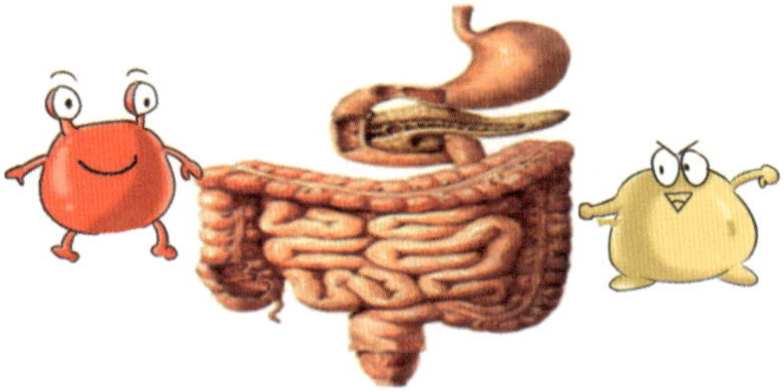

如何维持正常的肠道功能

营养均衡的膳食。健康的一日三餐和加餐中均包含蛋白质、维生素、矿物质、脂肪酸、膳食纤维等人体所需的营养物质，完全可以满足孩子的身体需要，不需要额外补充任何营养素。饮食上注意不要食用过冷、过热的食物，切忌暴饮。

充足的睡眠。当身体处于疲劳状态时，很难抵御外界入侵的病菌。高质量的睡眠可以使免疫系统得到一定程度的修复和调整，有助于改善孩子的免疫系统。

规律的作息。成年人大多有这样的体会，暴饮暴食、熬夜后身体经常出现便秘的问题，对于孩子来说，因为肠胃发育还不够完善，因此更需要保持自然规律的作息习惯。

少菌而非无菌的生活环境。细菌在人体免疫功能的发育中起着至关重要的作用，如果平时没有接触细菌的机会，周围环境太干净，肠道就无法发育成熟。家庭应该停止使用任何化学消毒剂，让孩子适量接触细菌，少量细菌能进入到孩子的肠道内，这对他之后肠道免疫功能的建立和成熟非常有好处。

母乳喂养。不建议母乳喂养的妈妈在喂奶前先将乳头擦洗干净，因为孩子在吸吮时，可以适当吃到妈妈乳头及乳头周围皮肤上和乳管内的细菌，有利于婴儿肠道菌群的建立和健康。而配方奶喂养属于无菌操作，奶瓶和奶嘴使用之前都要高温或消毒剂消毒，喂养过程中也很难引入适量细菌，尽管配方奶生产不建议母乳喂养的妈妈在喂奶前先将乳头擦洗干净。因为孩子在吮吸时，可以适当吃到妈妈乳头及乳头周围皮肤上的细菌，有利于婴儿肠道菌群的建立和肠道健康。

配方奶喂养类似于无菌操作，奶瓶和奶嘴使用之前都要高温或消毒剂消毒，喂养过程中也很难引入适量细菌，尽管配方奶生产厂商都会在奶粉中加入活性菌成分甚至益生菌，但也远远达不到与母乳喂养相同的水平。

不滥用抗生素。抗生素只针对细菌感染，不是治疗发烧、咳嗽、腹泻、肝炎的“万金油”。

如果是病毒性感染引起的咳嗽、发烧，抗生素不仅不会起作用，还会因误杀细菌使得正常菌群遭到破坏，影响人体的免疫功能，更加重病情。

厂商都会在奶粉中加入活性成分或益生菌，但也远远达不到与母乳喂养相同的水平。

不滥用抗生素。抗生素只针对细菌感染，而不是治疗发烧、咳嗽、腹泻、肝炎的“万金油”，如果是病毒性感染引起的咳嗽、发烧，抗生素不仅不会起作用，还会因误杀细菌使得正常的菌群遭破坏，影响人体的免疫功能，更加重病情。只有经过相应化验发现这些疾病是由于细菌感染引起，抗生素才能发挥应有的作用，专家建议在服用抗生素药物后两小时，适当服用益生菌，这样能减少被破坏的细菌，并使肠道免疫功能尽可能得到恢复。

居家生活黑名单
——常见消毒剂中的消毒成分

过氧化物类：氧化氢、过氧乙酸、二氧化氯、臭氧等

含氯消毒剂：次氯酸钠（84消毒液）、漂白粉、漂粉精等

醛类消毒剂：甲醛、戊二醛等

醇类消毒剂：乙醇（酒精）、异丙醇等

酚类消毒剂：苯酚、甲酚、卤代苯酚等

含碘消毒剂：碘酊、碘伏

孩子肠道功能出现问题时怎么办

孩子的免疫系统虽不甚完善，但也已较为强大，只是因为种种原因使其削弱，所以当孩子的肠胃出现不健康的表现时，父母们可以通过一些方法，来改善这种不佳的状态，使之恢复正常。

尽可能减少肠道细菌被破坏的机会。首先要改变家中滥用消毒剂的习惯。一方面生活环境少量细菌的存在，有利于孩子肠道免疫功能的建立；另一方面，更重要的是避免孩子因为慢性食用消毒剂，导致肠道内的细菌平衡被打乱，引起免疫功能受损。过量过滥使用消毒剂，除了会降低肠道免疫力之外，还可能引起过敏性鼻炎、咳嗽、流鼻涕、哮喘、过敏性结膜炎等疾病。

适当服用益生菌。当肠道出现问题，如果上述减少肠道细菌被破坏的建议是“治本”的话，那么，通过人为使用益生菌干预，还肠道一个健康状态只是不得已而为之的“治标”方法。益生菌是人工体外方式“孵育”，尽量模拟正常肠道内的“好菌”，填补肠道内有益菌的缺失。益生菌制剂要在医生的指导下进行选择。

根据活性，益生菌分为活菌和死菌，死菌所起作用不如活菌明显。一般活菌都需要冷藏保存以保持其生物活性，但这对运输和储存的要求较高，因此到消费者手中时药物活性需要再打折扣。目前国外有常温干燥保存的粉末状活菌，对环境要求不高，势必成为未来益生菌市场的新趋势。

益生菌分为活菌和死菌，死菌所起作用不如活菌明显。

有些活菌需要冷藏保存，目前国外有常温干燥保存的粉末状活菌，对环境温度要求不高，势必成为未来益生菌市场的新趋势。

活菌VS死菌

活菌不能和空气接触时间过长，需要混合液体一同食用。

活菌服用以后的效果更好，而且呈线状作用，即服用一次后效果持续时间较长。

冲泡益生菌的水温在40℃以下才能最大限度地保持活菌的生物活性。

死菌作用非常有限，而且呈点状作用，服用一次后可能仅当天见效，不会对之后有持久影响。

使活菌达到好效果的注意事项：活菌不能和空气接触时间过长，需要混合液体一同食用，另外冲泡益生菌的水温不宜高，40℃以下才能最大限度地保持活菌的生物活性。另外，如果因为疾病需要服用抗生素时，需要间隔至少两个小时再服用益生菌。

如何鉴别活菌和死菌，除了看产品说明书上的标识外，我们可以通过实际使用经验再次鉴别一下，活菌服用以后的效果更好，而且呈线状作用，即服用几天后作用持续时间较长，相比之下，死菌作用非常有限，而且呈点状作用，服用后可能仅当时见效，但不会对之后有长久影响。

宝宝腹泻的治疗与预防

腹泻治疗原则

继续“饮食”

防治脱水

合理用药

宝宝腹泻后的饮食

- 选用不含乳糖的特殊牛奶蛋白为基础的配方奶粉
- 母乳喂养时可加乳糖酶
- 简单、易消化的辅食
- 少量多次喂养

孩子腹泻后在饮食上要注意什么

很多家长会问，孩子腹泻后饮食上应该注意什么呢？腹泻时，特别是严重腹泻时，肠道黏膜会受到损伤。位于肠道黏膜上的一种消化奶制品中乳糖的“乳糖酶”会受到破坏，可能导致奶中乳糖消化障碍，造成乳糖不耐受性腹泻。年龄越小，出现腹泻时这种情况越严重。所以，对配方奶喂养或混合喂养儿来说，常建议腹泻期间暂停配方奶粉，换用不含乳糖的特殊配方粉——“腹泻奶粉”。

对于母乳喂养婴儿，除非非常严重的腹泻，需要母乳＋外源性乳糖酶外，其余情况仍可以继续母乳喂养。另外，在给孩子添加辅食时，要注意尽量简单并易于消化，并少量、多次喂养。

小肠黏膜上乳糖酶损失程度与腹泻的严重程度和原因有关。对于急性腹泻患儿，如没有牛奶过敏史，可以使用整蛋白且不含乳糖的配方粉，一种仅不含乳糖的，其余类似普通配方粉的无乳糖配方粉；对于腹泻伴有牛奶蛋白过敏或慢性腹泻的患儿，应选用深度水解蛋白，不含乳糖并含利于消化和吸收的中链脂肪。不含乳糖的配方粉，由于是特殊配方，超市内不能销售，只能到医院或母婴店购买。

乳品中所含碳水化合物为乳糖。无乳糖配方是专为乳糖消化不良／不耐受所配特殊婴儿配方粉。它不是不含碳水化合物，而是用麦芽糖糊精等替代，其营养效果与普通配方相同，绝对能满足婴儿的营养需求。在治疗腹泻的同时，只用无乳糖配方粉，利于腹泻期间营养素的吸收。腹泻好转后，肠道黏膜修复需要一定时间，所以建议无乳糖配方粉使用 2 周或更长时间。

我儿子16个月，一直长期慢性腹泻，便便里有黏液。6个月时检查出轻度牛奶蛋白过敏，换成了深度水解蛋白粉后有好转。每天只吃150mL左右的奶，但仍然时不时地出现稀黏便便。消化一直不好，辅食基本原样出来。不知道这种情况应该怎么办。现在身高75cm，体重也只有9kg.
长期慢性腹泻，同时伴有生长发育缓慢，应高度怀疑食物过敏。确定过敏原因非常重要。可接受皮肤点刺试验或血液检测过敏原。深度水解配方粉只针对牛奶蛋白过敏，而食物过敏不仅仅只是牛奶蛋白过敏。
崔大夫，宝宝一直是母乳喂养的，稍微有点腹泻也要换成不含乳糖的配方粉吗？
如果是配方奶喂养的婴儿出现腹泻，在考虑治疗原发感染的同时，应该尽快换成不含乳糖的配方粉，以免出现乳糖不耐受引起的腹泻，减轻孩子的痛苦。对于母乳喂养婴儿，除非非常严重的腹泻，需要母乳+乳糖酶外，可以继续母乳喂养。

腹泻奶粉如何转换为正常奶粉

很多妈妈问，宝宝腹泻好了后，由腹泻奶粉转为正常配方粉时又出现稀便应该怎么办？腹泻奶粉应该怎样转成正常奶粉呢？是按顿转还是混合转？

不同原因引起的腹泻都可导致小肠黏膜受损，引起乳糖不耐受性腹泻，此时，对于配方粉喂养宝宝，应立即更换不含乳糖的特殊配方。但由于目前没有检测指标表明孩子体内乳糖酶恢复程度，所以由腹泻奶粉更换回普通配方粉时，要循序渐进——每顿喂奶时，在不含乳糖配方粉中混入一定普通配方粉。根据耐受情况逐渐增加普通配方粉比例。若增加普通配方粉时，孩子又开始腹泻了，可暂停添加普通配方粉。不含乳糖配方粉和普通配方粉混合不会对孩子造成损伤，家长不必担心。

及时发现并治疗腹泻引起的宝宝脱水

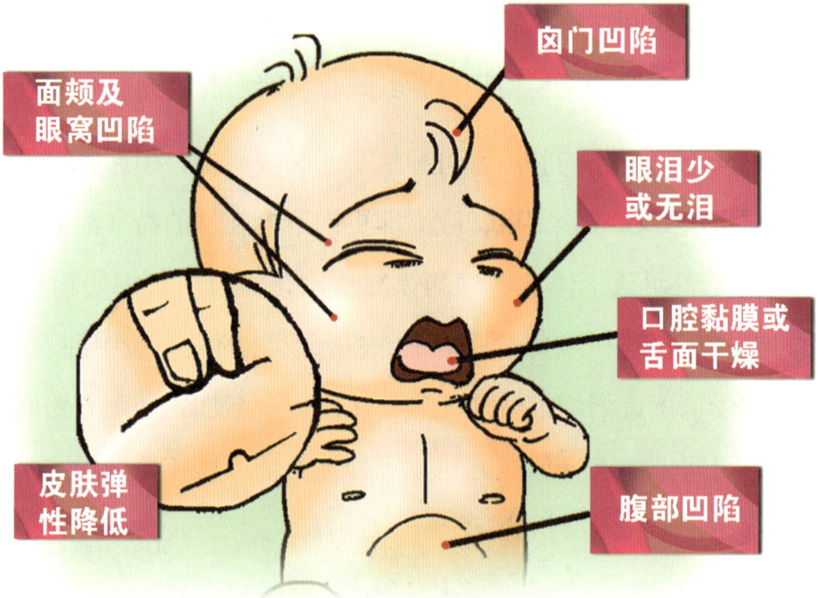

急性腹泻、高热、呕吐等都可能引起脱水。孩子脱水后的临床表现如上图所示。

脱水：指体液总量（尤其细胞外液量）的减少

若孩子4小时内未排尿或尿液少且明显浓缩，即可说明孩子出现了脱水。家长容易掌握的往往都是中度至重度脱水的指征。建议家长及早给患腹泻、高热等可能引起脱水问题的孩子补充口服补液盐，以预防和及时纠正轻度脱水。

腹泻期间孩子高热不退或惊厥怎么办

腹泻期间，若高热不容易控制，其原因是孩子体内水分不足，出现了脱水征象。此时，家长会发现退热药效果减退。及时纠正脱水，也是退热的有效方法。无论使用何种退热药物，都是通过皮肤散热、排尿和排便途径排出体内多余热量。如果水分摄入不足，体内没有多余水分通过皮肤蒸发、通过排便排泄，高热就不会降至理想状态。不论孩子处于何种状况，要想退热，只有多饮水。

有一名 11 月龄婴儿因腹泻一天、惊厥一次住院，经查患轮状病毒胃肠炎伴有重度脱水。轮状病毒损伤小肠黏膜的速度极快，致小肠黏膜吸收水分明显减少；同时乳糖消化障碍，增加肠内渗透压，致体内大量水分进入肠道，最终导致大量含有电解质的水分快速丢失，引起脱水。脱水严重可影响大脑，出现惊厥。

出现脱水征象可在家中进行口服补液，比如：口服补液盐、稀释的温苹果水、米汤等。如果家中口服补液后 4 小时孩子仍没有排尿，就应到医院进行静脉补液。如果有特别原因不能经口喝水，也要考虑静脉输液来补充体内水分。

腹泻时如何合理用药

1. 抗生素的选用原则：

（1）细菌性胃肠炎宜选用有效抗菌素

（2）病毒性肠炎不用抗生素

（3）抗生素相关性腹泻：肠道黏膜损伤，继发性乳糖不耐受

2. 微生态疗法：纽曼思、培菲康、Culturelle等

3. 肠黏膜保护剂：蒙脱石散剂（思密达）等

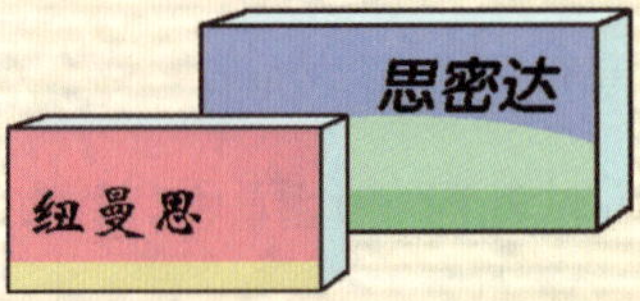

腹泻不能随便用抗生素

滥用抗生素已是一种社会现象，依赖抗生素治疗发热、咳嗽、腹泻已成不少父母的“习惯”。抗生素只针对细菌和特殊微生物，不针对病毒。滥用抗生素可影响体内，特别是肠道内正常菌群。肠道正常菌群不仅维持肠道正常功能，而且维护全身免疫状况。肠道菌群失调除可引起腹泻外，还可引起过敏、肥胖等。

腹泻或过敏等原因都会造成肠道黏膜受损。肠道内存在数十种，甚至数百种细菌。受损的肠黏膜会与细菌之间发生炎症反应。大便中查到小于 15 个白细胞 / 高倍视野，绝对不能说明为细菌感染。婴幼儿出现腹泻不一定就是细菌感染，临床上发现大便中白细胞 >15～20 个 / 高倍视野时，才应考虑细菌感染。只有细菌感染时才应该使用抗生素，而病毒性肠炎不应该使用抗生素。

腹泻时是否应服抗生素绝不仅取决于大便性状和排便次数。细菌引起的肠炎，从外观上看，有黏液或混有血液，味道恶臭。关键是大便常规可见每高倍视野含白细胞或脓细胞超过 15～20 个，多伴随红细胞。如果为典型的细菌性肠炎必须服抗生素。若便常规仅见几个白细胞，口服益生菌即可。

切记，抗生素会影响体内的正常菌群，引起“抗生素相关性腹泻”，加重腹泻过程，抗生素不是万能药！

孩子服药后大便比平常多3~4倍的量，看着好心痛，怎么办？
如果使用抗生素后，孩子出现腹泻样表现，可以给他添加益生菌制剂。如果必须使用抗生素时，可以添加益生菌预防抗生素相关腹泻的发生。益生菌制剂服用时间要与抗生素间隔2小时以上。
益生菌
崔大夫，孩子三个月零24天。这周的周三，家里有人发烧，他也发烧了，去了医院，大夫诊断为病毒性和细菌性都有的感冒发烧，开了些抗生素药。吃药到周四就不再烧了，停了药。周五就开始拉稀，大便次数多，孩子吃得少，精神状态还可以。请教一下他为什么拉稀？如何治疗？
服用抗生素常出现腹泻，称为抗生素相关性腹泻。建议添加益生菌制剂。但是应注意与抗生素服用间隔至少2小时。其实，预防抗生素相关性腹泻非常重要。服用抗生素当天就开始服用益生菌，减轻腹泻。如果腹泻严重，也需将配方粉换成无乳糖特殊配方。最后提醒家长，慎用抗生素！

抗生素相关性腹泻

服用抗生素后常出现腹泻，称为抗生素相关性腹泻。

很多时候，大便中发现少数红、白细胞的情况统作为细菌感染，使用抗生素治疗。这样非常容易导致肠道菌群失调，出现抗生素相关性腹泻。如果出现抗生素相关性腹泻，不是必需服用抗生素时，应该停用。

若高度怀疑肠道受细菌感染，大便检查红、白细胞都超过 15～20 个 / 高倍视野，可使用口服抗生素。但服药前应留取大便标本进行培养。大便培养一般需要 3 天时间。培养结果阳性，为细菌感染，根据药敏试验，考虑继续使用同种抗生素或更换其他抗生素；如果培养为阴性，应该停用抗生素。

不论什么原因使用抗生素后，都可能造成肠道菌群失调，导致腹泻样表现。这时应该给孩子服用益生菌。但注意抗生素与益生菌服用间隔至少要 2 小时，如果孩子早晚要服用抗生素的话，就可以中午服用益生菌，千万不要一同服用。其实，预防抗生素性腹泻非常重要，服用抗生素当天就应开始服用益生菌，以减轻腹泻。抗生素停用后，仍然要坚持服用益生菌 1～2 周，调整肠道菌群。

如果腹泻严重，也需将配方粉换成无乳糖配方。最后提醒家长：慎用抗生素！

人体消化道中细菌分类

中性菌（以大肠杆菌为代表），又称投机菌，占了约60%的数量；

益生菌（以双歧杆菌、乳杆菌为代表），占了约30%的数量；

有害菌（以威尔斯菌、梭状芽孢杆菌为代表），占了约10%的数量。

体内三类菌处于一种动态的平衡，当体内益生菌与有害菌的竞争占据上风时，中性菌保持中立；但当有害菌占据上风时，中性菌常会助纣为虐，乘机危害人体健康。

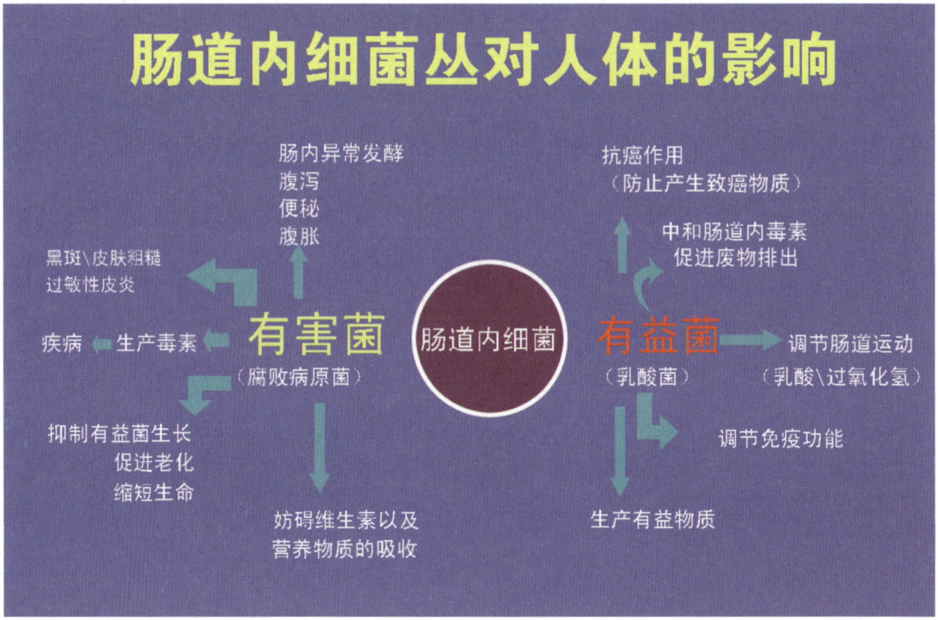

益生菌是模拟母乳喂养婴儿肠道正常菌群应运而生的产品，应该包括双歧杆菌和乳酸杆菌。

肠道病程中益生菌的使用

益生菌是模拟母乳喂养婴儿肠道正常菌群而应运而生的产品，包括双歧杆菌和乳酸杆菌。从健康母乳喂养儿粪便中提出的益生菌种子经过工业孵化有可能会出现变异，所以每种工业化生产的益生菌又冠有一些称呼，比如乳双歧杆菌 BB12、鼠李糖乳酸杆菌 LGG 等。益生菌制剂中应该含有活菌。

不是模拟母乳喂养婴儿肠道正常菌群而生产的细菌或霉菌制剂，也会对肠道健康有一定帮助，但是作用相对局限，比如有些针对抗生素使用后，只能称为微生态制剂。微生态制剂与益生菌制剂有所不同，益生菌制剂不仅利于肠道吸收消化，而且会通过刺激肠道内免疫细胞，刺激全身免疫。

由于肠道黏膜上存有免疫细胞，这些细胞的激活物是肠道内的正常细菌，包括双歧杆菌、乳酸杆菌等。所以，真正的益生菌在调整肠道功能的前提下，会通过刺激肠道免疫细胞，调节全身免疫。这也是为何新生儿第一口应是母乳喂养的原因。因母乳喂养是有菌过程，利于肠道正常菌群的建立。

腹泻恢复期，大便不可能立即恢复正常，往往不太消化的大便会持续几天。为此，益生菌能发挥很好的作用。益生菌通过调整肠道菌群，不仅可以保护肠道黏膜，还可排除肠道内的有害菌，再可助于营养物的消化和吸收。所以，建议腹泻后继续服用益生菌 1 ~ 2 周。

益生菌和益生菌制剂的区别

“益生菌”指的是通过调节肠道菌群改善人类健康的活菌，也可定义为对人体只有益而无害的活菌。

“益生菌制剂”指的是含有益生菌的产品，其中含有添加剂等其他成分。

若孩子，特别是婴儿出现便秘，可服益生菌。对1岁以内或有牛奶过敏史的孩子，用益生菌制剂时一定要注意制剂中是否含牛奶，更不要选择酸奶等牛奶制品。

服益生菌的同时，加上益生元（比如，乳果糖口服液），效果更佳。

益生菌和益生菌制剂的区别

“益生菌”指的是能够通过调节肠道菌群改善人类健康的活菌，也可定义为对人体只有益而无害的活菌。

“益生菌制剂”指的是含有益生菌的产品，其中含有添加剂等。所以，评价益生菌制剂是否可以长期服用，除了考虑益生菌本身，还要考虑添加剂等其他成分。目前没有一种益生菌制剂上标明可长期服用。

益生菌和酸奶

母乳喂养的 6 个半月婴儿排便费力，大便干结。家长给孩子喂了酸奶，目的是服用益生菌。家长认为酸奶为食品，至少比药物安全。结果两次喂养后，婴儿开始哭闹、腹泻、大便带血丝、湿疹加重——典型的牛奶蛋白过敏现象。婴儿一岁内不应接受鲜奶及制品。酸奶也是鲜奶制品。

若孩子，特别是婴儿出现便秘，可服用益生菌。对 1 岁内或本身有牛奶过敏史的孩子，服用益生菌制剂时一定要注意制剂中是否含牛奶，更不要选择酸奶等牛奶制品。服益生菌的同时，加上益生元（如乳果糖口服液）效果更佳。仅仅靠多喝水来解决便秘，效果甚微。治疗同时应寻找导致便秘的原因。

选择和服用益生菌时的注意事项

1. 选择干燥粉末制剂。

2. 制剂中不含奶、糖、麸质等添加物。

3. 分剂量包装，每次一个包装剂量。

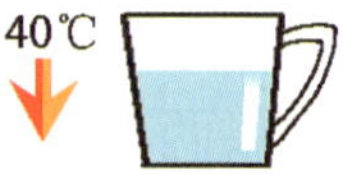

4. 赋水温度不能超过40℃。

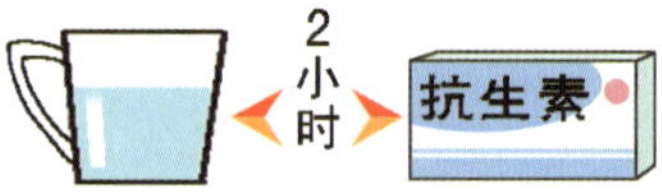

5. 与抗生素等药物间隔至少两小时。

6. 随吃随赋水，减少空气中暴露时间。

选择和服用益生菌时的注意事项

益生菌可以改变肠道菌群，改善肠道功能，所以适用于肠道功能紊乱时，包括腹泻、消化不良、使用抗生素时；益生菌可拮抗有害菌，所以适用于各种病毒、细菌引起的胃肠感染；益生菌可刺激肠道免疫细胞，改善肠道和全身免疫，适用于过敏等免疫失调性疾病。

选择和服用益生菌时应该注意：

1. 选择干燥粉末制剂。干燥休眠技术已用于益生菌领域，使用前赋水可“激活”益生菌；

2. 制剂中不含奶、糖、麸质等添加物；

3. 分剂量包装，每次一个包装剂量；

4. 赋水温度不能超过 40℃；

5. 使用时与抗生素等药物间隔至少两小时；

6. 随吃随赋水，减少空气中暴露时间。

目前研究证实效果较好的益生菌和益生元品种

益生菌

双歧杆菌：乳双歧杆菌、双歧杆菌BB12

乳酸杆菌：鼠李糖乳酸杆菌LGG

益生元

FOS（低聚果糖）、低聚半乳糖、菊粉、乳果糖

以上是目前通过研究发现确定的“好菌”和可以推荐的益生元品种，但因不同品种不同厂家生产的方法不同，因此达成的效果也参差不齐，请父母们根据医生的建议选择适合孩子的产品。另外，即使是质量合格的益生菌，在生产过程中也难免会被加入添加剂和防腐剂，因此也不能长期食用。

服用益生菌时最好搭配益生元

益生元是人工从植物中提取的模拟母乳中的低聚糖的碳水化合物，它在肠道败解后给细菌提供食物。因此服用益生菌的同时，适当搭配服用益生元，即给活的益生菌提供食物，可以使益生菌活性增强，繁殖能力增强，这样益生菌才能在肠道中发挥出更好的作用。益生元是从植物中提纯出来的，未经提纯的叫食物纤维或膳食纤维，换句话说，食物中的膳食纤维就有给肠道细菌提供营养的作用，因此只要满足正常营养均衡的饮食，人体无须额外补充益生元，只需在肠道出现问题、需要服用益生菌时，在医生指导下配合补充即可。

宝宝大便偏稀，便便里头还有很多泡沫，肯定是腹泻了，得赶紧给孩子吃止泻药！

孩子腹泻一个月了，吃过很多中药和西药，效果都不明显，这是孩子的检验单，医生您看看是怎么回事？
您的孩子仅是较轻的肠绞痛而已，不是腹泻。
一个月后

不要把肠绞痛误当成腹泻

有一名 3 个月纯母乳喂养儿，因“腹泻”一个月前来就诊。家长曾给其使用过多种中药和西药，包括微生态制剂，效果都不明显。婴儿生长发育一直正常，但近一个月服药后生长略缓。其实，就是大便偏稀，其中泡沫较多，每日 3 次，偶尔哭闹。检查显示肠胀气，仅仅是较轻的肠绞痛而已，却用了多种药物。

婴儿胀气，且排气多，多为肠绞痛所致。肠绞痛是婴儿胃肠发育不成熟的表现。当然，牛奶不耐受会加重肠绞痛的症状。如果配方奶喂养，且肠绞痛较严重，家长可换成部分水解蛋白配方粉，并添加益生菌制剂，会有较明显效果。另外，西甲硅油有可能改善肠道蠕动，也可部分缓解肠绞痛现象。家长注意不要把肠绞痛误当腹泻而给孩子用药。

婴儿肠绞痛有时会出现肚脐膨出状况，称为“脐疝”，常伴有阵发性哭闹。肠胀气缓解后，脐疝会逐渐消失。

另外，因为小婴儿肚子内气体比较多，在排气的时候会带出一点粪便。家长遇到这种情况不要紧张，也不要因此给孩子吃保健药物或治疗药物。如果孩子进食与生长正常，随着年龄的增长，这种情况会逐渐消失。

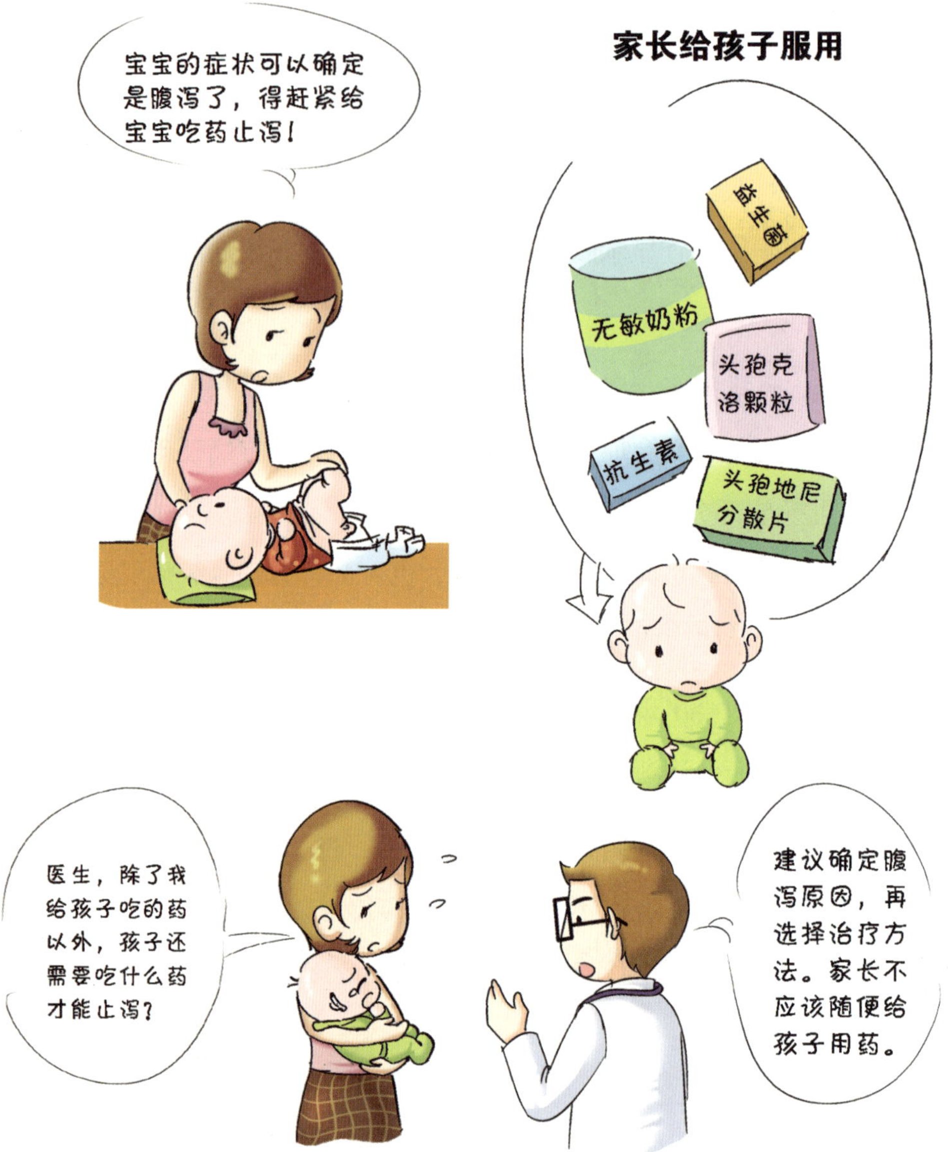
宝宝的症状可以确定是腹泻了，得赶紧给宝宝吃药止泻！
家长给孩子服用
益生菌
无敏奶粉
头孢克洛颗粒
抗生素
头孢地尼分散片
医生，除了我给孩子吃的药以外，孩子还需要吃什么药才能止泻？
建议确定腹泻原因，再选择治疗方法。家长不应该随便给孩子用药。

不要随便给孩子用药

一名小宝宝拉肚子二十余天，家长给吃过抗生素、头孢地尼分散片、头孢克洛颗粒，并且期间一直补充益生菌。还给孩子把奶粉更换为无敏奶粉（氨基酸营养粉）。

孩子腹泻时，很多家长都是这样应对的，按自己的想法给孩子服用多种药物，但这种方式对待腹泻实在不科学：

1. 腹泻时须检测大便，确定腹泻原因。只有细菌感染才需服抗生素，抗生素不是治疗腹泻的专用药物；

2. 用益生菌纠正抗生素引起的肠道菌群失调，是万不得已的做法；

3. 无敏奶粉（氨基酸营养粉）不是腹泻奶粉，而是治疗牛奶蛋白过敏的特殊配方粉。

建议家长确定腹泻原因后，再选择适当的治疗方法。

宝宝感冒了，去医院让医生给看看。
看了医生这感冒还是不好，反复呕吐、高热、腹泻，还得再去趟医院。
医生，宝宝之前是感冒，为什么现在又得了轮状病毒胃肠炎？
看孩子的情况，这应该是到医院就诊期间交叉感染导致的。

尽量避免医院交叉感染

时常会看到一些幼儿都是先感冒，待基本好转，又再度出现高热、呕吐、腹泻等表现，最终诊断为轮状病毒胃肠炎。此过程不应是轮状病毒感染的自然发展过程，应该是继发感染过程。询问病史得知，感冒初期都有到医院就诊的过程，有的家长甚至几次带孩子上医院检查，非常有可能是医院就诊期间的交叉感染。

在《崔玉涛图解家庭育儿 1（最新升级版）：直面小儿发热》中，我曾提到"医院是疾病聚焦地，很容易发生交叉感染"，这里再次提醒家长一次看病得到医生的建议后，应在家遵医嘱，要尽量避免医院交叉感染。

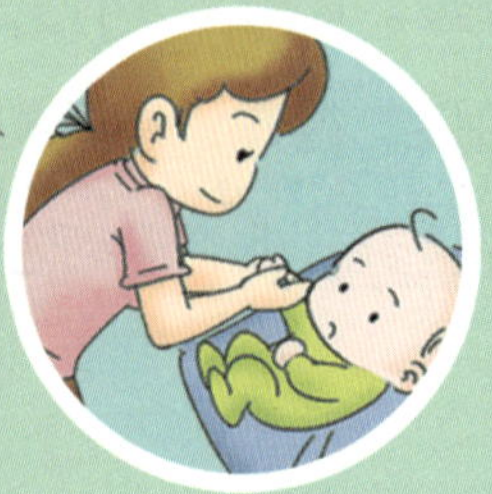

很多家长抱怨小婴儿一放在床上就醒，抱着睡就好，实际说明孩子有胃肠道的不舒服。孩子胀气，因为抱着睡会有搂的动作，搂的动作对腹部有压迫，孩子会表现出比较舒服的样子，如果放在床上腹部没有压迫就会相对引起不适。

这时候可以适当让孩子趴着。在大人的看护下，孩子趴着睡觉是没有问题的。或者是顺时针揉孩子的肚子，这样的话对孩子的排气有帮助，孩子腹部也会舒适。

家长千万要记住：不要逆时针揉孩子的肚子。

顺时针揉肚子可以止泻

今天一位家长向我咨询说孩子腹胀，是不是可以顺时针给孩子揉肚子？这样是不是可以帮助孩子排气？这样的做法是正确的，顺时针给孩子揉肚子确实可以帮助孩子排气。但是家长接着又问，当孩子出现腹泻的时候，是否可以逆时针给孩子揉肚子呢？这样是不是有止泻的作用？这样的方法就是错误的。

不管是胀气还是腹泻，家长都要给孩子顺时针揉肚子，哪怕在腹泻的时候顺时针给孩子揉肚子看上去会加重腹泻，但其实这是在帮助孩子排出腹内的废余物质。腹泻是人体将废余物及毒素排出体外的过程，家长千万不要给孩子逆时针揉肚子，腹泻不是排得越多越坏，是尽早排空才能让孩子尽快恢复。

1.在热水里焯一下。

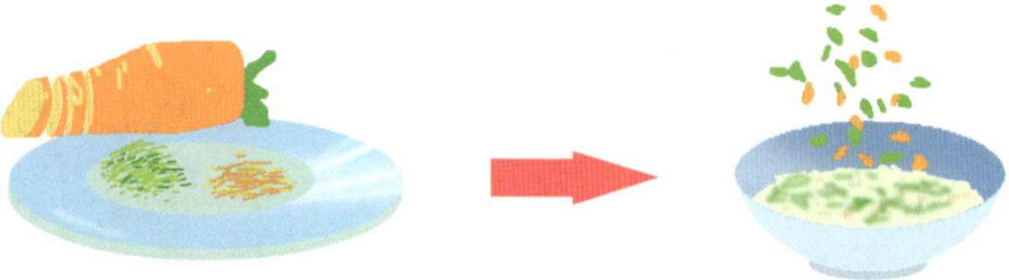

2.取出剁碎，然后直接搁在熬好的粥或者和好的米粉中。

3．有的家长焯完后又在继续在锅里蒸或者煮15分钟，这样的话就会很大程度地破坏蔬菜中的维生素或者纤维素，导致营养明显减少。

4.蔬菜辅食要现吃现做，不要放置过久，以免产生亚硝酸盐，对孩子的生长会有一定危害。

为啥吃了那么多青菜还是便秘

有的家长会抱怨，孩子吃了很多的蔬菜，仍然会出现便秘的现象是怎么回事？仔细询问下才发现，家长每次都是将青菜煮得很烂，不是跟粥一起煮，就是跟饭一起蒸。这样的方式就会破坏青菜中的维生素和纤维素，那么青菜的效果自然就会受到影响。我们见过便秘的孩子，他的大便干结而且还是菜色或是绿色的。家长一定要注意给孩子吃的蔬菜的加工方式，只要在滚开的水里烫一下就行，如果因为孩子年龄小，没有咀嚼能力，那么就可以剁碎了给孩子加在他该吃的饭里，不要单纯地去煮，因为那样会破坏蔬菜中的纤维素和维生素，容易让孩子出现便秘。

家长要知道，对待不同的食物，家长要采取不同的加工方式。对待肉，家长可以给它蒸熟或是煮熟后打成泥混在食物中给孩子吃，但是对待青菜不能这样。

问：宝宝刚出生16天，一直是母乳喂养，吃了去黄疸的药之后一直拉黄色稀便，这是否正常？应该如何治疗呢？

答：对母乳喂养婴儿来说，黄稀便未必有问题，因为母乳中富含纤维素样的碳水化合物——低聚糖，具有“轻泻”作用。低聚糖是人乳中特有的（其他哺乳动物乳汁中极少），促进肠道正常菌群建立和成熟。只要婴儿生长正常，没有必要纠结婴儿大便偏稀现象；更不要与配方粉喂养婴儿比较大便性状。

问：孩子三个多月，现在一天大便三次，验大便也没事，请问需要吃药吗？

答：不要刻意关注婴儿每天大便次数，应关注大便性状。若大便有较多未消化食物颗粒，应考虑消化不良；若大便性状正常但排便量多，与吸收不良有关；若含有脓血，多与细菌感染有关；若发热伴稀水便，可考虑病毒性胃肠炎；若排便费劲，排气多，大便稀，可能与乳糖不耐受有关。大便干结，考虑便秘。

你是孩子大便的奴隶吗

孩子的排便一般家长都特别地关注，一旦大便的性状发生改变，稀一点，稠一点，绿一点，黄一点，带了点酸味，大便中出现奶瓣，都会给家长带来不安。有的家长甚至把每一天每一次孩子大便的变化都当做是孩子肠道出了问题，甚至自作主张给孩子吃药。这种做法是不可取的。

遇到孩子大便的性状发生变化，首先我们观察孩子进食是否正常，一般表现是否正常，如果一般表现和进食都正常的话，那么我们可以给孩子一个机会让他自我调整。孩子是有自我调节能力的，他可以通过自己的调节，使这种情况得到改善，增加他自身的抵抗疾病的能力。如果家长强烈地觉得孩子大便有问题，那么可以留取点标本，到医院去检查一下便常规或是潜血，千万不能说遇到点情况马上就靠药物来治疗。

孩子成长过程中留意身体细节的变化是必要的，但一些家长没有必要过度地去关注孩子排便本身的性状，而应该关注孩子本身的舒服度，如果孩子一天没有任何的不适，那么大便的性状稍有改变也不是什么大问题。因为孩子每次进食的量可能不一样，孩子胃肠道功能所处的状态也会有些许的差别，所以在消化和吸收上也是会有不同的。家长需要看孩子体重增长的情况怎么样，如果孩子的体重持续正常地增长，那么家长们就没有必要太过去在意这些问题了。

许多时候，因为孩子的胃肠道功能相对还不成熟，对食物消化和吸收的程度不够，而家长又喂食太多，大便性状自然会起变化。这个时候家长没有必要

问：孩子为什么会拉绿色的便便，如何护理呢？

答：几乎每个孩子都有时常或者偶尔排绿便的情况。绿便代表孩子的消化不是太好，但这种消化不是太好并不意味着就是疾病。家长需要关注的是孩子胃肠的接受度。比如说有没有呕吐、明显的腹泻以及孩子生长的情况，体重是否按部就班地生长，是否出现了异常反应如过敏等问题。如果没有，偶尔出现绿便，家长不用紧张。再有一种情况就是，如果孩子吃的是部分水解的配方，大便会偏绿。深度水解和氨基酸配方大便有时候会深绿，甚至到黑色。家长要关注孩子整体的情况，不要成为大便的奴隶。

太过着急，只有当孩子出现明显的不适，比如说进食困难、呕吐、腹泻、哭闹、便中带血等，家长才需要带着孩子去医院检查。请家长不要不成孩子大便的“奴隶”，一天 24 小时盯着孩子的大便不放。孩子是有自我调整能力的，家长要尊重孩子，理解孩子，相信孩子。

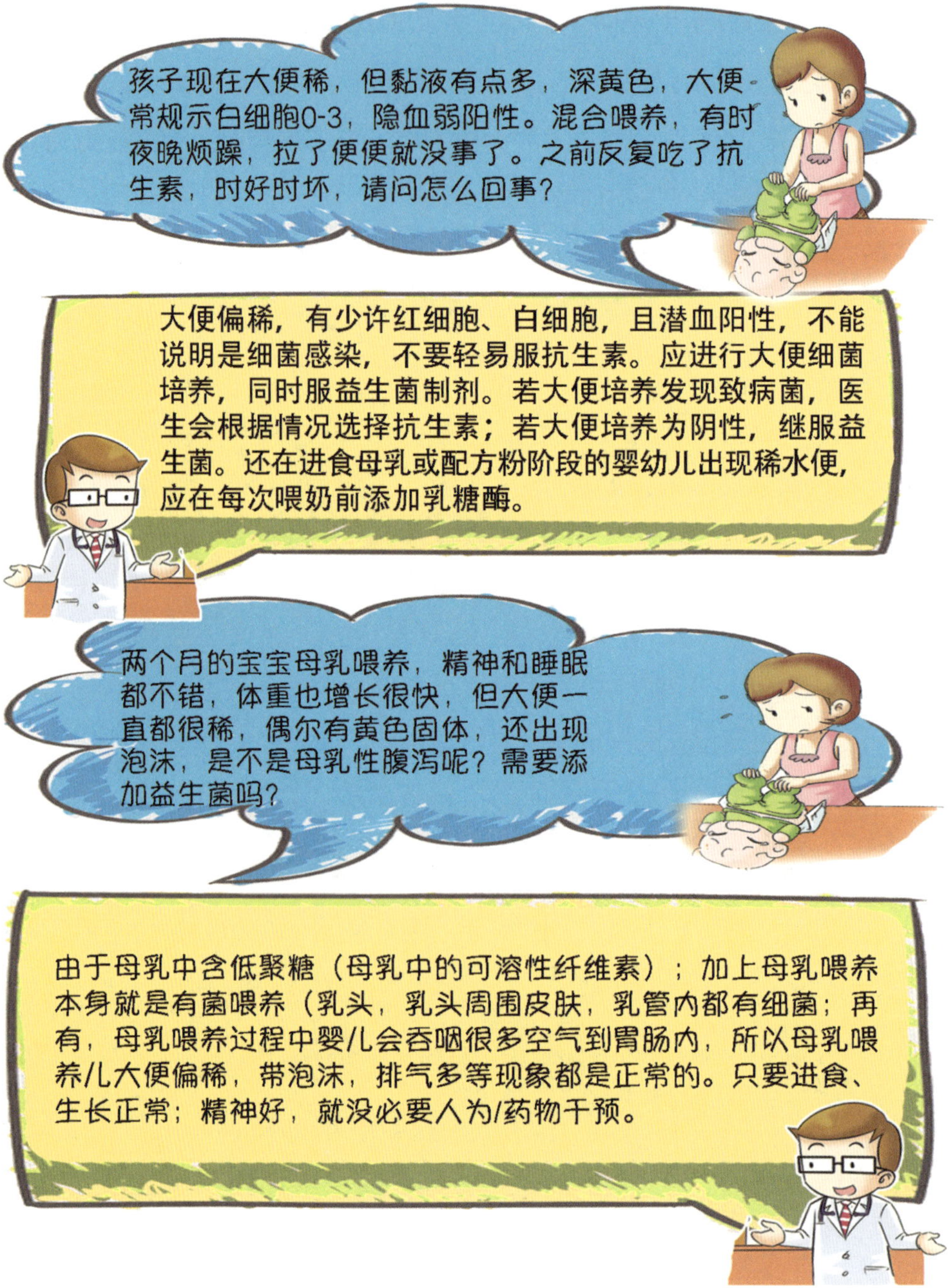
孩子现在大便稀，但黏液有点多，深黄色，大便常规示白细胞0-3，隐血弱阳性。混合喂养，有时夜晚烦躁，拉了便便就没事了。之前反复吃了抗生素，时好时坏，请问怎么回事？
大便偏稀，有少许红细胞、白细胞，且潜血阳性，不能说明是细菌感染，不要轻易服抗生素。应进行大便细菌培养，同时服益生菌制剂。若大便培养发现致病菌，医生会根据情况选择抗生素；若大便培养为阴性，继服益生菌。还在进食母乳或配方粉阶段的婴幼儿出现稀水便，应在每次喂奶前添加乳糖酶。
两个月的宝宝母乳喂养，精神和睡眠都不错，体重也增长很快，但大便一直都很稀，偶尔有黄色固体，还出现泡沫，是不是母乳性腹泻呢？需要添加益生菌吗？
由于母乳中含低聚糖（母乳中的可溶性纤维素）；加上母乳喂养本身就是有菌喂养（乳头，乳头周围皮肤，乳管内都有细菌；再有，母乳喂养过程中婴儿会吞咽很多空气到胃肠内，所以母乳喂养儿大便偏稀，带泡沫，排气多等现象都是正常的。只要进食、生长正常；精神好，就没必要人为/药物干预。

益生菌，你给孩子用对了吗

益生菌是从母乳喂养婴儿排出的粪便中提取出来的对人体有益的细菌，当孩子的胃肠道出现问题的时候，益生菌可以调整胃肠道的功能。所以益生菌与吃饭并没有关系，饭前饭后吃不重要，但一定要注意的是温度不要过高，也就是说冲益生菌的水温度不要超过 40℃，而且在空气中不要暴露的时间过长，随冲随吃，这样才能达到相对比较好的效果。

有的家长反映说孩子一吃益生菌就拉肚子，首先家长要判断孩子吃益生菌之前是个什么样的状况。如果吃益生菌之前孩子状态，那么本身进食细菌过多就会增加肠道的败解，产生过多的水分，这并不是异常的问题。如果孩子肠道本身就存在问题，比如说过敏和腹泻，那么吃了益生菌后虽然调整了肠道的菌群，但仍是会有腹泻的现象。家长一定要知道益生菌的作用是什么，益生菌进入肠道，可以替换和补充那些肠道固有的菌群，同时会败解纤维素产生水和气，但并没有立即止泻的作用。

有些家长觉得孩子年龄太小，接受不了一包的益生菌，就给孩子减半服用，另外一半包起来下一次再给孩子服用，这种做法不可取。益生菌属于厌氧菌，如果包装已经被打开，那么氧气就会进入原本密闭的环境，使其内的厌氧益生菌死亡，再给孩子吃就没有作用了，所以建议给孩子一次吃一包的益生菌，因为益生菌的生产本来就是针对小孩子的，一次吃一包并不会产生什么不良后果。如果家长实在不放心，只愿意让孩子吃一半，那么剩下的一般要么家长自己吃，要么就弃掉，不要放置一段时间后再给孩子吃。

孩子一岁两个月，最近三四天嘴里有异味，舌苔厚且有小红点，不知道怎么回事？
孩子口中有异味、舌苔厚、便秘都与消化有关。建议家长多给孩子一些青菜。如果不能接受较多的青菜，可以服用纤维素制剂，比如乳果糖。解决了便秘问题，其它问题也就解决了。如果服用乳果糖期间，同时口服益生菌，解决便秘的效果会更好。

小儿积食怎么处理

很多家长都会说自己的孩子积食了，其实积食就是孩子表现为嗳气，也就是打嗝。有的时候孩子的大便偏干或是孩子食欲不好，家长总会是认为孩子吃的多造成的，其实这些现象更多的时候因为孩子的胃肠道功能下降造成的。

因为人体内的健康中心是肠道，只要人体有不适的时候肠道都会有反应，就会造成消化的不顺畅，所以家长遇到孩子所谓的积食，要考虑孩子是不是要得病了，哪里有不舒服。如果仅仅是肠道本身的问题，我们可以通过吃益生菌或是改变孩子饮食的结构、种类来进行调整，千万不要认为孩子积食后通过少吃就能调节，应该寻找原因，从根上解决肠道功能异常的现象，这样才能使孩子健康的成长。

13个月大的宝宝上吐下泻，去医院说肠胃性感冒，打了吊瓶。医生说先不让吃东西，饿了可以吃米粉、面条之类的，但不让吃母乳，是这样吗?
“上吐下泻”应是急性胃肠炎征象，应尽快将婴儿粪便标本送到医院检查。确定是否为轮状病毒、腺病毒、诺如病毒等病毒性胃肠炎，还是细菌性胃肠炎等感染所致。若排除感染，与医生交流是否为过敏、食物中毒等其他非感染原因。不论何原因，都会存在乳糖不耐受。母乳喂养前，应服乳糖酶。

5 崔大夫门诊问答

宝宝腹泻了还可以继续打预防针吗？
腹泻或存在其他不适期间最好不要接种疫苗。

孩子腹泻了还能接种疫苗吗

腹泻或存在其他不适期间最好不要接种疫苗。腹泻期间特别不要接种口服疫苗，比如口服脊髓灰质炎、轮状病毒等疫苗。

另外，如果孩子疫苗接种后出现明显不良反应，比如口服疫苗后出现严重腹泻、全身出现严重皮疹等，应与当地预防接种部门联系，考虑改换疫苗剂型继续接种（如口服脊髓灰质炎改成注射疫苗）还是停止以后再进行疫苗接种。如果婴儿患病服用了抗生素，建议孩子病好后，且抗生素停用一周后再接种疫苗。

“慢性腹泻”是由于胃肠道受到的损伤比较严重，治疗没有痊愈时又受到了药物、不易消化的食物或其他病原菌的影响，使其再度受到损伤，从而导致对食物的消化吸收能力下降形成的。

为什么有的孩子会经常腹泻

经常腹泻，医学上称为“慢性腹泻”，是由于胃肠道受到的损伤比较严重，治疗没有痊愈的情况下又受到了药物、不易消化的食物或其他病原菌的影响，使其再度损伤，很难达到完全愈合的状况，从而导致对食物的消化吸收能力下降，形成慢性腹泻。

胃肠道损伤与其他部位的损伤不同，其他部位的损伤，可以通过休息或减少刺激等方法加速其痊愈，而胃肠道却不然，损伤后还要不停地加工消化食物，导致胃肠道的恢复相对缓慢，致使腹泻反复发生。所以，腹泻期间进食易消化食物，既利于营养供给，也利于肠道修复，比如急性腹泻时的无乳糖配方、慢性腹泻时的深度水解蛋白、高中链脂肪酸及无乳糖配方。

这么多药，给宝宝吃哪种合适呢？

孩子腹泻能吃成人类的止泻药吗

成人用的止泻药（如黄连素、氟哌酸等）绝对不能用于12岁以下的孩子，因为它们可能影响孩子的骨骼发育，这是有实验依据的。另外，孩子腹泻时不应服用止泻药。如果腹泻是因病菌引起的，止泻后病菌存在体内会导致更严重的问题，如细菌毒素中毒、休克等。腹泻要根据原因考虑适当的药物或饮食治疗。当肠道恢复正常或基本恢复正常时，腹泻自然就会停止，而不是靠止泻药止住的。

口服补液盐

孩子腹泻给喝米汤管用吗

孩子出现腹泻时，如果水分丢失过多，会出现脱水现象。脱水指的是体液通过肠道丢失，导致体内缺水的现象。体液包括水、电解质（钠、钾等）以及糖分。所以，选用米汤也是补液的方法之一。但是，米汤中的电解质和糖分含量不一定能满足腹泻婴儿的需要，对较严重的腹泻还是建议给予口服补液盐，少量多次喂养。

乳糖是母乳等奶制品含有的特殊碳水化合物，消化乳糖的酶存在于小肠黏膜表面。出现腹泻，说明肠道受到一定损伤。小肠黏膜受损，乳糖酶活性自然受到损伤，消化乳糖的能力自然下降。婴儿接受乳制品时，会出现因乳糖耐受不好而继续腹泻。过去的办法是用米汤，现在可以选择不含乳糖配方粉。

母乳喂养儿的大便偏稀属于正常现象，只要孩子发育正常。如果是真正的腹泻，孩子的生长发育应该会受到一定影响。

为何母乳喂养儿不容易便秘？

母乳中营养素非常容易吸收，而且含有水溶性纤维素——低聚糖，低聚糖在大肠中败解，增加了粪便中的水分，从而预防了便秘。

是否存在“母乳性腹泻”

有的家长说孩子被诊断为“母乳性腹泻”，这种提法有些不可思议。

母乳中含有配方粉中所没有的水溶性纤维素——低聚糖，低聚糖在大肠中败解，增加了粪便中的水分，所以母乳喂养儿的大便偏稀属于正常现象，这些孩子发育正常。有人认为，有些母乳喂养儿存在腹泻现象——母乳性腹泻，实际上是一种误解。如果是真正的腹泻，孩子的生长发育应该会受到一定影响。孩子腹泻严重，建议进行大便检查。如果真的不能接受母乳，当然这种情况发生机会极少，对6个月内婴儿应该选用不含乳糖的深度水解配方粉。

如何分辨孩子腹泻是消化不良还是细菌感染或轮状病毒引起?

孩子腹泻时，家长要留取孩子大便标本，1-2小时内送到医院检查。

留取的大便一定要存放于塑料瓶或保鲜膜中，不要放在纸尿裤中。

检测后，若大便标本显示白细胞和红细胞超过15个/高倍视野，才可怀疑是细菌感染。

若仅是少许白细胞，只说明肠道有轻度损伤。

若轮状病毒抗原为阳性，即可确诊为轮状病毒引起。

如果任何结果都没有，应该考虑为消化不良。

能从孩子的症状和便便判断引起腹泻的原因吗

要想准确判断孩子腹泻的原因，家长需要留取孩子大便标本，存放于塑料瓶或保鲜膜中于 1 ~ 2 小时内去医院检查。由医生根据检测结果来进行判断。

从大便外观和症状上看，细菌感染导致的腹泻，大便中往往可见黏液，甚至脓血样物质，但每次排便量并不多。病毒感染导致的腹泻往往呈稀水样便，每次排量较多。轮状病毒性胃肠炎时，大便呈“蛋花汤”状，孩子会有发热、呕吐症状。过敏性腹泻在进食某种食物后出现，会有反复，与进食明显相关。消化不良引起的腹泻大便中有原始食物颗粒，不伴发热，并且孩子偶尔会呕吐。

腹泻过程分为两阶段：

第一阶段，肠道损伤期。

第二阶段，肠道损伤后遗期。

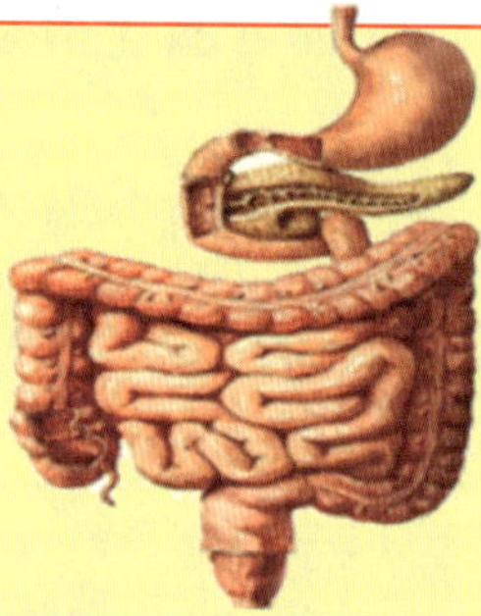

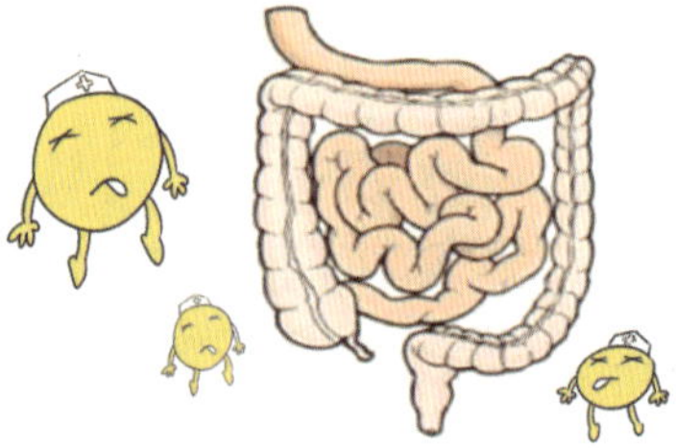

乳糖是奶中主要碳水化合物，被小肠黏膜上乳糖酶分解后吸收入血液提供能量。乳糖酶减少，乳糖不被分解，即可造成腹泻。

把普通配方粉换成无乳糖配方粉两周后即会好转。

母乳喂养儿不易受轮状病毒侵袭，若受到侵袭，腹泻较为严重。

可1～2周内添加外源性乳糖酶，也可考虑暂时换成不含乳糖配方粉1～2周。

孩子腹泻为何怎么也治不好

腹泻过程分为两阶段：第一阶段，肠道损伤期。病毒、细菌或非感染因素导致腹泻的过程，会有肠道黏膜损伤，通过腹泻会丢失水分和电解质等。若腹泻严重，可导致人体脱水等。第二阶段，肠道损伤后遗期。肠道黏膜受损可继发乳糖不耐受，肠道菌群失调，生长缓慢、继发食物过敏等病症。

孩子肠炎后常会出现进食奶制品后快速腹泻，这属于乳糖不耐受症。乳糖是奶中的主要碳水化合物，被小肠黏膜上乳糖酶分解后吸收入血液提供能量。肠炎可导致小肠黏膜表面受损，乳糖酶减少，乳糖不被分解，即可造成腹泻。很多家长以为是腹泻一直未好，实际上此时的腹泻已经“变味”。停用奶制品换成无乳糖配方粉两周后即会好转。

若腹泻较为严重，特别是严重细菌性肠炎，细菌本身和使用的治疗性抗生素对肠道黏膜本身和肠黏膜上菌群都会破坏，若治疗不得当，易出现慢性腹泻。慢性腹泻，也意味肠道受损较重，肠道菌群失调，易继发食物过敏。此时推荐使用深度水解蛋白 + 无乳糖的特殊配方，还要添加活性益生菌。

宝宝十一个月，晚上突然上吐下泻，怎么回事，肠胃炎么，用不用去医院？
突然呕吐、腹泻肯定是急性胃肠炎。在秋冬季主要是病毒，如轮状、腺、诺如病毒等。再有急性过敏，有明显进食新食物或以前即有过敏的食物。呕吐期间，保持孩子安静，可暂停任何喂养；情况稍稳定后，少量多次糖盐水。腹泻期间开始正规口服补液盐。注意排尿间隔。超出4小时未排尿，应到医院。

急性胃肠炎是什么症状

“急性胃肠炎”从字面上大家可看出，胃部症状在先。因为是感染，先会出现发热、呕吐，然后才腹泻。出现呕吐时，最为困难的是不能服药，甚至不能接受液体。此时，家长要有耐心，少量多次喂养。食物尽可能简单易消化。喂奶前可添加乳糖酶；预防脱水。呕吐时，用开塞露诱导排便，会缩短呕吐期限。孩子出现腹泻后，补液和用药会变得容易很多。

发热伴有腹泻，多是急性胃肠炎的表现。建议家长留取大便标本，及时送到医院检测白细胞 + 红细胞 + 大便潜血 + 轮状病毒抗原。只有确定原因，才能有效治疗。严重细菌感染才需口服抗生素；但绝大多数病例都是病毒感染。再有，预防和治疗脱水也十分重要。轻、中度脱水用口服补液盐，严重时才需静脉输液。若病毒感染，抗生素不但无效，反而加重腹泻。千万不要使用“止泻”治疗！

怎么用了好久益生菌也不见好？
不找到腹泻原因对症治疗，即使服用益生菌效果也不佳。

仅服用益生菌腹泻能好转吗

益生菌是根据健康母乳喂养儿肠道菌群体外培养而得的对人体有益的细菌。它可以促进肠道，包括肠道局部和全身免疫功能成熟、促进食物的消化吸收、辅助治疗过敏和乳糖不耐受等。

腹泻指的是大便性状变稀，排便次数增加的一种现象，其由众多原因所致，包括轮状病毒、痢疾杆菌、寄生虫在内的感染性因素和饮食性、症状性、过敏性、食物不耐受（乳糖不耐受）以及天气因素等非感染性因素。通过观察疾病过程和大便检查可确定原因，确定原因后才可对症治疗。如果关键问题不解决，比如乳糖不耐受婴儿仍然进食普通配方粉，即使应用益生菌效果也不会好。

宝宝一直服用婴儿益生菌，会不会产生依赖？
益生菌可以改变肠道内细菌种类和数量，谈不上依赖的问题。

益生菌补多了怎么办，会不会产生依赖

益生菌不会被人体吸收，它只在肠道中起作用，如果摄入过多，多余的菌会通过排便排出去。但益生菌在人体肠胃败解过程中会带走很多水分，因此益生菌吃得过多会导致大便偏稀或者腹泻。

还有家长问:“孩子一直在服用益生菌，会不会产生依赖？”事实上，我们肠道内的细菌 100% 都是从外界进入人体的，只有适应肠道厌氧环境的细菌才会驻留、繁衍，然后形成正常菌群。肠道内正常菌群是动态变化的，最早进入婴儿体内的，先是妈妈产道内的细菌，再是妈妈乳头和乳管内的细菌，后来为环境中的细菌。益生菌可以改变肠道内细菌的种类和数量，当人体肠道受到病原菌、抗生素、过敏损伤时，需服外源性调整，谈不上依赖的问题。

孩子肠炎引发生长缓慢怎么办？

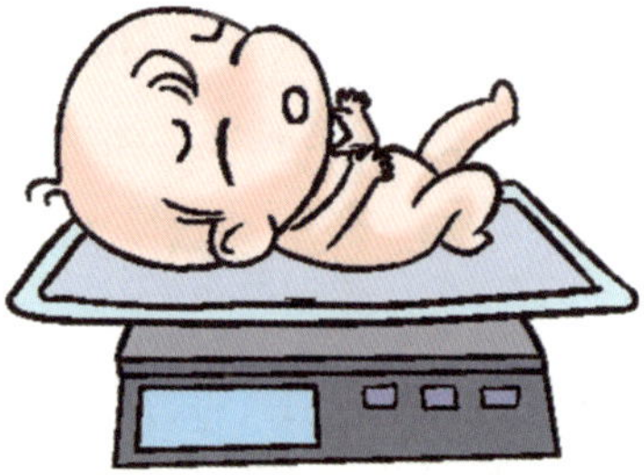

孩子患肠炎后会因腹泻丢失水分，引起体重下降，但这只是暂时的，待水分充足后就可以纠正。

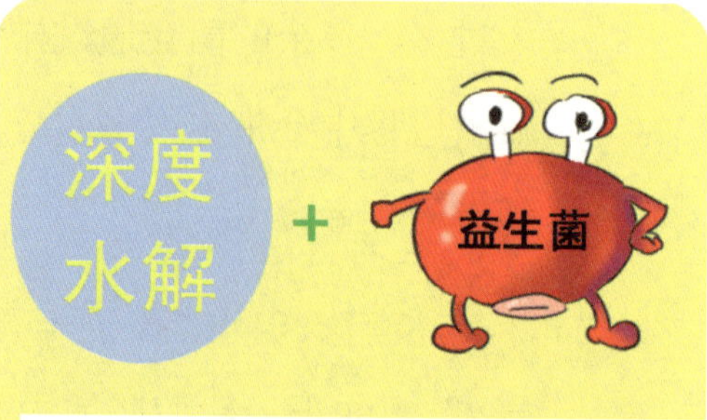

快速纠正慢性腹泻造成的水分和电解质丢失、营养素吸收减少的方法就是深度水解+益生菌共同治疗。

肠炎后常会出现进食奶制品后快速腹泻，这属于乳糖不耐受症。

停用奶制品换成无乳糖配方粉两周即会好转。

孩子肠炎引发生长缓慢怎么办

孩子患肠炎后腹泻会丢失很多水分，相应的体重也会有所下降。但这种急性水分丢失造成的体重降低只是暂时的，待水分补充充足后就可以纠正。慢性腹泻造成的肠道损伤，除水分和电解质丢失过多外，营养素吸收也会大大减少。快速纠正方法就是深度水解 + 益生菌共同治疗，仅仅补水效果并不理想。

肠炎后常会出现进食奶制品后快速腹泻，这属于乳糖不耐受症。乳糖是奶中的主要碳水化合物，被小肠黏膜上乳糖酶分解后吸收入血提供能量。肠炎可导致小肠黏膜表面受损，乳糖酶减少，乳糖不被分解，即可造成腹泻。停用奶制品换成无乳糖配方粉两周即会好转，好转后孩子的生长也会相应恢复。

胃肠型感冒是由病毒所致，孩子发热应控制体温不要超过38.5℃。

适当调整饮食为容易消化状，比如：稀粥、不含乳糖配方粉等。

尽快将取出的大便标本送往医院进行检查。

体温超过38.5℃，服用退热药物。

预防脱水。少量多次饮淡糖盐水。

若4小时内没有排尿，应该到医院输液。

孩子胃肠型感冒应注意什么

胃肠型感冒实际上由一些病毒所致，包括大家熟知的轮状病毒感染。遇到病毒感染，控制体温不要超过 38.5℃，出现胃肠症状，可以适当调整饮食为容易消化状，比如稀粥、不含乳糖配方粉等。

孩子胃肠型感冒时家长最需要做的几件事：

1. 尽快（2 小时内）将取出的大便标本送往医院进行检查。检查项目除了大便常规，还要有轮状病毒抗原，也许还应做大便细菌培养；

2. 体温超过 38.5℃，服用退热药物；

3. 预防脱水。少量多次饮淡糖盐水，若 4 小时内没有排尿，应该到医院输液。

孩子生病期间进食不好，不排便也正常吗？

孩子生病期间进食不好，不排便也正常吗

很多家长都认为孩子生病期间进食不好，几天不排便并不是什么问题，其实不是这样的。肠道除消化、吸收、蠕动功能外，还有分泌功能。人体内很多代谢废物会分泌到肠道内，随大便排出。即使进食不好，肠道内仍然会有粪便。如果不及时排出，会引起新的不适，及时排出肠道内的废物和毒素，有利于疾病的恢复。千万不要认为，不吃不喝就不会有大便。

比如一名 11 个月大的男婴，发热一周后全身皮疹，胃口一直不好。待皮疹基本消退，进食后反而出现呕吐。家长非常担心孩子出现了新问题。经仔细询问得知，孩子已近三天没有排便了。家长认为生病后孩子进食不好，几天没有排便不是问题。结果给这位婴儿使用开塞露后，干燥如“羊粪蛋”的大便排出不少，使家长大为吃惊。

所以，在孩子生病期间，家长还是要注意孩子的排便，千万不能认为孩子不进食时不排便也正常。

肠绞痛的症状表现

频繁哭闹

睡眠不安

排便费劲

吐奶和排气多

胀气

大便偏稀等

如何区分婴儿肠绞痛和腹泻

婴儿肠绞痛是6个月内婴儿常见的发育问题之一，不需过度担忧，但常被误诊，被怀疑为肺炎、肠炎、肠套叠等。

肠绞痛指的是营养充足的健康婴儿，每天哭闹至少3小时，每周哭闹至少3天，且发作超过3周。一般孩子出生后3周开始，4～6月后会逐渐改善。它表现为频繁哭闹、睡眠不安、排便费力、吐奶和排气多、胀气、大便偏稀等。

由于婴儿定时或不定时哭闹，有时还是非常严重的哭闹，会使全家越来越担忧。家长应尽可能保持婴儿处于舒服的体位，并协助孩子顺利排便。另外，益生菌、西甲硅油都可部分缓解症状，每日服用三次西甲硅油，每次10滴，持续2～3周，喂奶前直接滴入口腔即可。这些仅能缓解婴儿肠绞痛，唯有“等待”才是解决的良方！

让宝宝不哭的5S方法

束 裹
(Swadding)

侧位或腹位
(Side/Stomach positioning in the parents' arms)

吸吮
(Sucking)

“嘘嘘”声
(Shushing)

适当摇晃
(Swinging)

有肠绞痛的婴儿会突然大哭，如何使哭闹的孩子安静下来，美国有位儿科医生发明了“让宝宝不哭的5S方法”，采用上页图示五种动作中的一种或几种，可以助父母一臂之力。

如果6个月以上的婴儿还会出现阵发性哭闹、睡眠不安或突然惊醒、腹胀并排气多等类似婴儿肠绞痛的现象时，应该首先考虑食物不耐受或过敏，比如乳糖不耐受、牛奶蛋白过敏等。遇到这种情况，应该留取孩子大便进行3~5次“大便常规+潜血”检查，带着检查结果咨询儿科医生，请医生做出诊断。

给孩子调整饮食后仍不能解决便秘怎么办?

乳果糖口服液可以缓解和纠正便秘。

服用乳果糖后，如仍不能纠正便秘，就要考虑病症问题。

对于常规治疗方法不见效的便秘以及顽固性便秘，应该带孩子到外科做一些必要的检查。考虑是否存在有肠道解剖结构问题，只有找到原因才能有效解决便秘。

给孩子调整饮食后仍不能解决便秘怎么办

对于饮食调整、益生菌 + 益生元（例如乳果糖口服液）等方法仍不能缓解或纠正的便秘，应该考虑与食物过敏（比如牛奶蛋白过敏）、肛门狭窄、乙状结肠冗长等有关。乙状结肠冗长或肛门狭窄，可致粪便在肠道中存留时间过长，水分回吸收过多。排便间隔长，但大便不干，与肠道吸收功能强，使粪便量少，肠道发育尚不成熟等有关。

长期服用较大量的高纤维食物或药物（乳果糖口服液）可预防便秘发生，而开塞露只能解决一次排便问题。对于使用常规治疗方法不见效的便秘以及顽固性便秘，应该带孩子到外科做一些必要的检查，如 X 线、肛门指诊等来确定病因。考虑是否存在有肠道解剖结构的问题，比如乙状结肠冗长或肛门括约肌过紧等问题，只有找到原因才能有效解决便秘。

乙状结肠冗长或肛门狭窄，致粪便在肠道中存留时间过长，水分回吸收过多。如果排便间隔长，但大便不干，与肠道吸收功能强，使粪便量少，肠道发育尚不成熟等有关。

手术是解决“乙状结肠冗长”的唯一办法。

长期服用较大量的高纤维食物或药物（乳果糖口服液）可预防便秘发生。

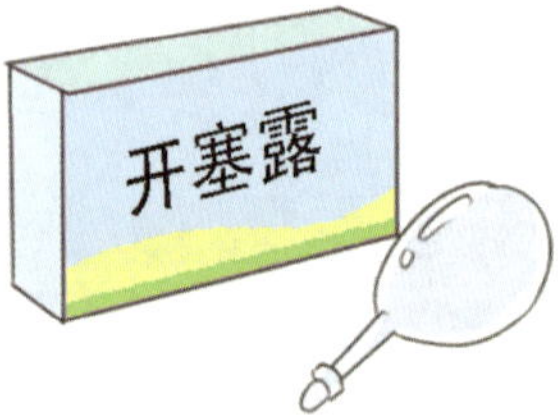

开塞露只能解决一次排便问题，可作为辅助治疗。

比如上次接诊的一名 2 岁女童长期便秘，多种治疗均没有获得满意疗效，于是考虑为肠道发育异常。经钡灌肠检查为“乙状结肠冗长”——乙状结肠不仅长且异常弯曲，手术是唯一有效的根治方法。

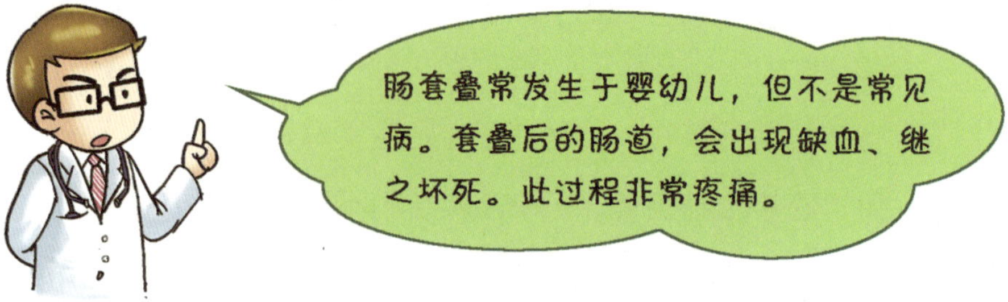

肠套叠的症状表现

剧烈哭闹

蜷着身体

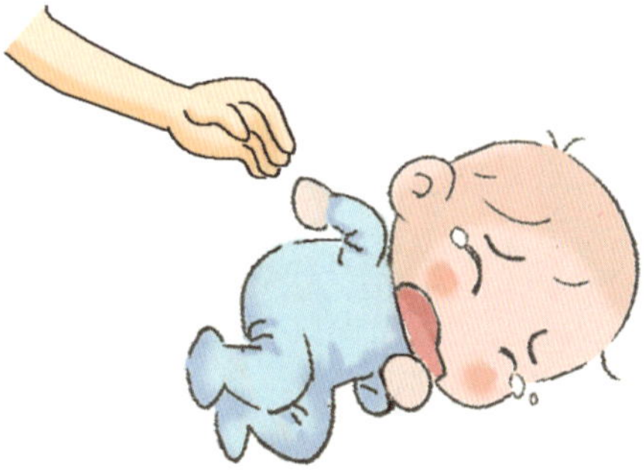

拒绝触摸腹部

会出现便血

什么是肠套叠，肠套叠和肠绞痛有什么区别

肠套叠常发生于婴幼儿，是因一段肠道套入另一段肠道所致，但不是常见病。肠套叠之所以会发生，是因为孩子腹腔内固定肠道的一些韧带发育尚不成熟。遇到腹泻等情况时，肠道有可能因为异常蠕动，叠套在一起。叠套后的肠道，出现缺血、继之坏死。此过程非常疼痛。

出现肠套叠，孩子会出现剧烈疼痛，所以首先表现是剧烈哭闹，蜷着身体，拒绝触摸腹部，按揉腹部会加重哭闹。然后会出现便血，形容为“果酱样”大便，这是急症。遇到孩子剧烈哭闹，又不能接受大人按揉腹部时，应该到医院就诊。肠套叠发生几小时内就会出现明显症状，单纯便秘 2～3 天才会出现症状。而肠绞痛是因肠内气多所致胀气，顺时针按摩腹部可缓解哭闹。按揉腹部使孩子逐渐安静的应是肠绞痛，否则应到医院检查。

清水擦桌面

开窗通风

用消毒纸巾擦手

用消毒剂清洗碗筷

为什么说使用消毒剂对孩子肠道无益

在养育孩子方面，有的家长主张“不干不净吃了没病”，而有的家长却经常用消毒剂给家里消毒，用消毒纸巾给孩子擦手，那么很多人就要问了，哪种更合理呢？

首先，“不干不净吃了没病”这种说法并不科学。我们应该生活于清洁环境。清洁环境指的是清水擦洗、开窗通风后的自然生活环境。清洁环境内存有少许细菌，可与人体肠道菌群交流，维持肠道菌群健康。

清洁环境存在于“脏”与“无菌”之间，是自然环境，是绿色环境，不是清新剂、消毒剂营造的。如果每天吃饭前用消毒纸巾擦手，用消毒剂清洗碗筷，就会有少量的杀菌剂、消毒剂吃进肚子里，从而导致肠道菌群的不正常。这就是在我们的人群中，不论任何年龄段出现胃肠道问题都越来越多的原因。

有些家长使用湿纸巾为孩子清洁双手。这种做法潜藏着一定的危害。

孩子吸吮手指时，就会将存留于手指上的化学物质吞入消化道内。

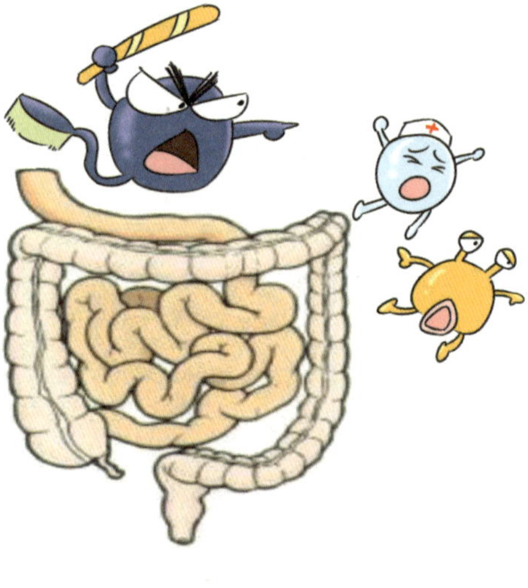

吞入的消毒剂杀灭了肠道中固有的正常菌群，正常菌群减少会造成肠道菌群失衡，使胃肠等疾病增多。

消毒剂是不应该进入家庭的。

很多家长带孩子外出时，会带着免洗消毒洗手液，目的是为了方便清洁孩子的双手。这看似非常正确，其实孕育着一定的危害。用免洗消毒液擦拭手，虽然可消灭手上的病菌，但消毒剂颗粒也会留在手上。当孩子吃零食时，能保证消毒剂不被吃进肚子里吗？经常可见家长给吸吮手指的婴儿频繁擦拭手指。有些家长使用的是湿纸巾。湿纸巾上若有消毒剂等化学物质，孩子再次吸吮手指时，就会将存留于手指上的化学物质吞入消化道内。反复吞入包括消毒剂在内的化学物质会破坏婴儿肠道内正常菌群，不仅可致肠道菌群失调，还可影响肠道消化吸收功能，致胃肠功能紊乱，引起消化吸收不良、慢性腹泻，甚至过敏等症状。所以户外活动期间，也要尽可能用清水冲洗婴幼儿双手。

消毒剂杀灭了环境中固有的正常菌群，平日刺激人体免疫系统成熟的刺激剂——正常菌群就会减少。看似得病机会

宝宝快两岁了，老是便秘，每天多吃水果也不行，在医院开过乳果糖。药效过了还是干，该怎么办呢？
大便干燥（便秘）与喝水多少关系不大。粪便中水分主要来自肠道菌群败解纤维素。所以，养育环境不能过于干净，接近无菌状况的话会破坏和阻碍正常肠道菌群建立，特别是不能使用消毒剂；再有，青菜等纤维素类食物摄入应充足，为粪便中水分提供底物。有些婴儿结肠中的乙状结肠冗长。建议顽固便秘儿童应该请教医生。

减少，实际导致人体更易生病。广泛使用消毒剂，使我们都会“慢性食入消毒剂”，造成肠道菌群失衡，胃肠等疾病增多。因此，消毒剂是不应该进入家庭的。

很多家长抱怨现在养孩子太难了，实际上是不是我们做得有些太过了呢？比如：过多依赖抗生素导致孩子肠道受到损伤；家中使用消毒剂清洁过度导致过敏发生的可能增加；过多关注孩子导致其社交能力低下；极度理解孩子导致孩子说话延迟等等。如果更自然些、更顺应生理些，养育出的宝宝也许更加身心健康！

- 家长们总认为孩子生病时应该多吃点东西来抵抗疾病，但生病时全身都处于不适的状态，其中包括胃肠道，食欲自然下降。

- 此时家长应该鼓励孩子去接受他需要的或是他喜欢的食物。但是会加重病情或是对身体有害的，要特别注意。比如说腹泻时多喝奶会加重腹泻，因为腹泻的时候会出现乳糖不耐受。不安全不卫生的食物，也不能吃。

- 不要用家长自己想当然的想法去限制孩子，比如说食物属寒性、热性或是担忧吃多了消化不良等问题，孩子需要补充营养提高抵御力。

- 在生病时胃肠道功能会有下降，容易出现排便干且间隔时间长的问题。所以需要适当诱导孩子排便，减轻胃肠道负担。

孩子生病后不爱吃东西怎么办

孩子生病时，全身都处于不适的状态，其中包括胃肠道，自然就会引起食欲的下降，这是一个非常常见的、也是应该出现的现象。在此时，家长应该鼓励孩子去接受他需要的或是他喜欢的食物。但是对他有伤害的，我们要特别注意。比如说腹泻的时候，多喝奶会加重腹泻，因为腹泻的时候会出现乳糖不耐受。其他的时候不要用各种各样的想法来限制，比如说食物属寒性或是某种食物吃多了可能会引起消化不良等问题。孩子在生病时胃肠道功能会有下降，会表现出一个现象，就是所谓的排便。排便会出现大便干、大便间隔时间长等症状，所以我们需要适当地诱导孩子排便，甚至可以使用开塞露促使孩子排便，这样能增强孩子胃肠道的功能。

图书在版编目（CIP）数据

崔玉涛图解家庭育儿：最新升级版.3 / 崔玉涛 著. — 北京：东方出版社，2016.11
ISBN 978-7-5060-9324-8

Ⅰ. ①崔… Ⅱ. ①崔… Ⅲ. ①婴幼儿—哺育—图解 Ⅳ. ①TS976.31-64

中国版本图书馆CIP数据核字（2016）第269987号

崔玉涛图解家庭育儿：最新升级版.3
（CUIYUTAO TUJIE JIATING YU'ER : ZUIXIN SHENGJIBAN.3）

作　　者：崔玉涛
策 划 人：刘雯娜
责任编辑：郝　苗
出　　版：东方出版社
印　　刷：小森印刷（北京）有限公司
版　　次：2017年1月第1版
印　　次：2021年12月第7次印刷
开　　本：787毫米 × 1092毫米　1/20
印　　张：8
字　　数：122千字
书　　号：ISBN 978-7-5060-9324-8
定　　价：36.00元
发行电话：（010）85800864　13681068662